高等职业教育产教融合特色系列教材

飞机电子设备维护
——导航通信篇

主　编　宋　敏　张亚维　齐贝贝
参　编　陈　星　杨　璐
主　审　景　广

北京理工大学出版社
BEIJING INSTITUTE OF TECHNOLOGY PRESS

内容简介

本教材主要面对高等院校学生需求，突出高等职业教育的特点，坚持"育人为本，德育为先"的原则，采用活页式设计、模块化分类的形式，在内容安排上以民航飞机电子设备的维护作为主要内容，针对不同飞机电子系统，以工作任务为导向的任务驱动、项目引领的教学模式；以模块化项目引导学习任务，将理论知识与实训要求相结合，针对不同专业要求可有所取舍，灵活便利的利用本教材。教材结构合理、条理清晰、内容翔实、图文并茂，方便学习者轻松掌握飞机电子设备维护的原理以及方法。本书可作为高等院校、高职院校航空维修工程、飞机电子设备维修、飞机机电设备维修、飞行器维修等相关专业的教材。

版权专有　侵权必究

图书在版编目（CIP）数据

飞机电子设备维护. 导航通信篇 / 宋敏, 张亚维, 齐贝贝主编. -- 北京：北京理工大学出版社, 2024.2（2024.10 重印）
ISBN 978-7-5763-3200-1

Ⅰ. ①飞… Ⅱ. ①宋… ②张… ③齐… Ⅲ. ①航空设备-电子设备-维修 ②航空导航-导航设备-维修 ③航空设备-通信设备-维修 Ⅳ. ①V243

中国国家版本馆 CIP 数据核字（2023）第 236540 号

责任编辑：张鑫星	文案编辑：张鑫星
责任校对：周瑞红	责任印制：李志强

出版发行 / 北京理工大学出版社有限责任公司
社　　址 / 北京市丰台区四合庄路 6 号
邮　　编 / 100070
电　　话 /（010）68914026（教材售后服务热线）
　　　　　（010）63726648（课件资源服务热线）
网　　址 / http://www.bitpress.com.cn

版 印 次 / 2024 年 10 月第 1 版第 2 次印刷
印　　刷 / 涿州市新华印刷有限公司
开　　本 / 787 mm×1092 mm　1/16
印　　张 / 12
字　　数 / 279 千字
定　　价 / 42.00 元

图书出现印装质量问题，请拨打售后服务热线，负责调换

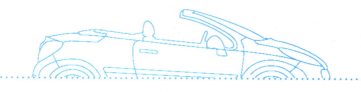 

前 言

PREFACE

飞机电子是指飞机上所有电子系统的总和。一个最基本的飞机电子系统由通信、导航、显示以及管理等多个子系统构成。飞机电子设备种类众多，针对不同用途，这些设备也具有自己的特点，这些特点伴随着飞机电子技术的发展而不断变化。

本书以培养能够从事飞机电子航线维护、飞机电子设备定检、飞机电子附件维修等岗位的高素质技术技能人才为目的，满足高职院校飞机电子类课程教学需求。基于当前经济社会对飞机电子设备维修领域人才的需要，为贯彻党的二十大精神，践行航空强国战略，为体现立德树人的根本目的，书中充分体现航空维修产业的最新发展。

此书计划以丛书的形式编辑，本册中将主要介绍飞机通信导航系统的相关内容。此书共八大模块：模块一 导航的认知，介绍导航基础知识和导航相关参数；模块二 近距无线电测向系统，介绍自动定向仪系统和甚高频全向信标系统；模块三 多功能无线电导航系统，介绍塔康测向测距导航系统和俄制近程导航勒斯伯恩系统；模块四 测距系统，介绍低空高度表系统、高空高度系统和测距机系统；模块五 远距导航系统，介绍罗兰导航系统、奥米伽导航系统和全球卫星导航系统；模块六 航行着陆系统，介绍着陆系统概述、仪表着陆系统和微波着陆系统；模块七 通信的认知，介绍通信的基础知识和无线电收发原理；模块八 飞机通信系统，介绍甚高频通信系统、高频通信系统、卫星通信系统和其他典型通信系统。通过情境导入、学习目标、知识导航、学习研讨、学习评价以及拓展学习的内容，由浅入深、循序渐进的方式进行学习。

飞机电子系统正以惊人的速度改变着航空以及航天技术。从最初的作为飞机的附属系统存在的飞机电子设备，到如今许多飞机存在的目的即为搭载这些设备，尤其一些特殊用途的飞机正日益成为一种集成了各种强大而敏感传感器的战斗平台。随着科学技术的发展，相信飞机电子的明天也会更加灿烂辉煌。

本书主要由宋敏、张亚维、齐贝贝、陈星、杨璐老师参与编写，济南工程职业技术学院景广老师主审。受作者能力和水平的限制，本书所介绍内容可能无法满足各类读者对于知识的需求。在撰写过程中参考了大量的文献资料，在此对所有关心帮助此书出版的人员和文献资料作者表达诚挚的谢意。对书中的疏漏之处，敬请读者批评指正。

编 者

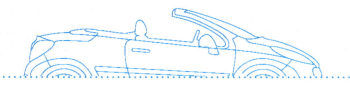

目 录
CONTENTS

模块一 导航的认知

学习单元一　导航的基础知识 ·· 001
　【情境导入】 ··· 001
　【学习目标】 ··· 001
　【知识导航】 ··· 002
　【学习研讨】 ··· 005
　【学习评价】 ··· 006

学习单元二　航空导航相关参数 ·· 006
　【情境导入】 ··· 006
　【学习目标】 ··· 007
　【知识导航】 ··· 007
　【学习研讨】 ··· 014
　【学习评价】 ··· 014

模块二 近距无线电测向系统

学习单元一　自动定向仪系统（ADF-NDB） ·· 015
　【情境导入】 ··· 015
　【学习目标】 ··· 016
　【知识导航】 ··· 016
　【学习研讨】 ··· 025
　【学习评价】 ··· 026
　【拓展学习】 ··· 026

学习单元二　甚高频全向信标系统 ··· 029
　　【情境导入】 ··· 029
　　【学习目标】 ··· 029
　　【知识导航】 ··· 029
　　【学习研讨】 ··· 036
　　【学习评价】 ··· 036
　　【拓展学习】 ··· 037

模块三　多功能无线电导航系统

学习单元一　塔康测向测距导航系统 ··· 039
　　【情境导入】 ··· 039
　　【学习目标】 ··· 039
　　【知识导航】 ··· 039
　　【学习研讨】 ··· 049
　　【学习评价】 ··· 050
　　【拓展学习】 ··· 050

学习单元二　俄制近程导航勒斯伯恩系统 ··· 053
　　【情境导入】 ··· 053
　　【学习目标】 ··· 053
　　【知识导航】 ··· 053
　　【学习研讨】 ··· 058
　　【学习评价】 ··· 058
　　【拓展学习】 ··· 059

模块四　测距系统

学习单元一　低空高度表系统 ··· 060
　　【情境导入】 ··· 060
　　【学习目标】 ··· 061
　　【知识导航】 ··· 061
　　【学习研讨】 ··· 068
　　【学习评价】 ··· 068

学习单元二　高空高度表系统 ··· 069
　　【情境导入】 ··· 069
　　【学习目标】 ··· 069

【知识导航】	069
【学习研讨】	074
【学习评价】	075

学习单元三　测距机系统（DME） ... 075
【情境导入】	075
【学习目标】	076
【知识导航】	076
【学习研讨】	079
【学习评价】	080
【拓展学习】	080

模块五　远距导航系统

学习单元一　罗兰导航系统 ... 082
【情境导入】	082
【学习目标】	082
【知识导航】	082
【学习研讨】	086
【学习评价】	087
【拓展学习】	087

学习单元二　奥米伽导航系统 ... 089
【情境导入】	089
【学习目标】	089
【知识导航】	090
【学习研讨】	097
【学习评价】	097
【拓展学习】	098

学习单元三　全球卫星导航系统 ... 100
【情境导入】	100
【学习目标】	100
【知识导航】	100
【学习研讨】	104
【学习评价】	105

模块六　航行着陆系统

学习单元一　着陆系统概述 ... 106

【情境导入】 ·· 106
【学习目标】 ·· 106
【知识导航】 ·· 106
【学习研讨】 ·· 109
【学习评价】 ·· 110

学习单元二　仪表着陆系统（ILS） ·· 110
【情境导入】 ·· 110
【学习目标】 ·· 110
【知识导航】 ·· 110
【学习研讨】 ·· 122
【学习评价】 ·· 123

学习单元三　微波着陆系统（MLS） ·· 123
【情境导入】 ·· 123
【学习目标】 ·· 123
【知识导航】 ·· 123
【学习研讨】 ·· 128
【学习评价】 ·· 129

模块七　通信的认知

学习单元一　通信的基础知识 ·· 130
【情境导入】 ·· 130
【学习目标】 ·· 131
【知识导航】 ·· 131
【学习研讨】 ·· 138
【学习评价】 ·· 139

学习单元二　无线电收发原理 ·· 139
【情境导入】 ·· 139
【学习目标】 ·· 140
【知识导航】 ·· 140
【学习研讨】 ·· 145
【学习评价】 ·· 145

模块八　飞机通信系统

学习单元一　甚高频通信系统（VHF COMM） ·· 146
【情境导入】 ·· 146

【学习目标】 146
　　【知识导航】 147
　　【学习研讨】 150
　　【学习评价】 151
学习单元二　高频通信系统（HF COMM） 151
　　【情境导入】 151
　　【学习目标】 152
　　【知识导航】 152
　　【学习研讨】 155
　　【学习评价】 156
学习单元三　卫星通信系统（SATCOM） 156
　　【情境导入】 156
　　【学习目标】 157
　　【知识导航】 157
　　【学习研讨】 160
　　【学习评价】 161
学习单元四　其他典型通信系统 161
　　【情境导入】 161
　　【学习目标】 162
　　【知识导航】 162
　　【学习研讨】 168
　　【学习评价】 169

**附录一
航空专业术语**

**附录二
以 AT-11007 航电综合测试系统为例列举系统测试项目工单**

参考文献 179

模块一

导航的认知

导航是一个研究领域,在这个领域中包括了陆地导航、海洋导航、航空导航和空间导航。所有导航技术都涉及定位与已知位置或模式相比较的导航仪的位置。在更广泛的意义上,导航可以指涉及确定位置和方向的任何技能或研究。

对于导航的作用和意义,你知道吗?你知道第一个应用到飞机上的导航系统是什么吗?让我们一起认知导航、了解导航。

学习单元 · 导航的基础知识

【情境导入】

穿越远古,敢于跋涉的智者发现可以通过观测日月星辰、山川河流、树木或堆砌起石块作为标记,来判断自己的位置和确定时间,这便是最原始的导航。

从中国人发明指南针开始,不断进步的导航技术,自航海到航空再延伸向航天,人类终于完成了从依赖星空到经略时空的文明跨越。图1-1所示为导航的应用。

图1-1 导航的应用

【学习目标】

(1) 了解导航系统的概念和分类;
(2) 了解导航系统的类型;
(3) 掌握航空导航的基本任务;
(4) 具有查阅资料、解决问题的能力;

(5) 具有潜心钻研技术技能的优良品质；

(6) 提升信息化技术应用能力。

【知识导航】

1. 导航的概念

英文名称：Navigation。

导航的基本含义是引导运载体从一地到另一地安全航行的整个引导过程。

导航中涉及的"引导"一般是通过专用的导航系统或设备及时为运载体的操纵者（或控制者）提供必要的导航参数（如实时位置、运动方向、运动姿态、运动速度等），操纵者根据这些参数酌情实施对运载体的航行控制。可见整个航行过程中，引导和控制是两个必不可少的环节，引导是为控制提供必要的信息，是控制的先导，但它本身并不包含控制。

具体到本课程来说，导航就是指依靠各种机载设备和外部设施，给航空器提供实时航行数据和定位信息，指导并保证航空器的航行，达到引导运载体到达预定目的地的目的。

2. 导航的分类

导航分成四大类：观测导航（地标导航）、推算导航、天体导航和无线电导航。

1) 观测导航

观测导航是利用某种观测仪器（包括肉眼）经常地或连续地对所熟悉的地物或导航设施进行观测，以便确定运载体的位置和运动方向的一种导航。

这种导航简单、可靠，但能见度低，在海洋、沙漠中无熟悉地标可供观测时，就无法导航了。现代雷达导航就属于这种导航。

2) 推算导航

推算导航是根据运载体的运动方向和所航行的距离（或速度、时间）的测量，从过去已知的位置来推算当前的位置，或预期将来的位置，从而可以得到一条运动轨迹，以此来引导航行。

这种导航克服了观测导航的缺点。因为它不需要对地标或地面导航设施进行观测，不受天气、地理条件的限制，保密性强。它是一种自备式导航，但随着航行时间和航行距离的增长，位置累积误差越来越大，因此，航行一定时间后，需要进行位置校准。

在航空导航的早期阶段，航向的测量是用磁罗盘，距离的测量是用空速表和航空钟。在现代航空中，则发展为惯性导航和多普勒导航。

3) 天体导航

天空中的星体（太阳、月亮、其他行星、恒星等）相对于地球有一定的相对运动轨道和位置。通过观测两个以上星体的位置参数（如仰角），来确定观测者在地球上的位置，从而引导运载体航行，这就是天体导航。

天体导航和推算导航一样，也不需要地面支撑设施，具有保密性强的特点。由于它的定位精度高，因而人们常用它来校正推算导航的累积误差。很显然，天体导航的缺点是要受时间（白天与黑夜）、气象条件的限制，而且定位时间较长，操作计算也比较复杂。

4）无线电导航

无线电导航是借助于运载体上的电子设备接收和处理无线电波来获得导航参数的一种导航，也是目前航空领域应用最为广泛的导航形式。

无线电导航是利用无线电技术测量航行体的方位、距离、速度等参数，引导其航行的导航方法。与其他导航方法相比，有以下优点：受气象影响小，基本可实现全天候工作；测量精度高，几米的定位精度也可达到；工作可靠，测量迅速，基本上可实时地给出导航参数。无线电导航有以下缺点：易受人为或自然干扰；大多需地面设备或卫星配合，工作区域往往受此因素限制，同时抗干扰性、保密性差。

3. 导航系统的类型

1）无线电导航系统

无线电导航系统由地面发射接收、机载发射接收等设备组成，也包含用于导航（包括障碍物警告）的无线电测定，由机载设备通过向地面发射电波由此判断危险高度及提醒飞行员注意垂直距离。下面介绍几种常用的分类原则及其相应产生的类别。

导航分类

（1）按用户使用时相对依从关系分类。

① 自备式（自主式）无线电导航系统：这种导航系统仅靠装在运载体上的导航设备就能独立自主地为该运载体提供导航服务。

② 他备式（非自主式）无线电导航系统：这种导航系统仅靠装在运载体上的导航设备不能实现导航服务，必须有运载体以外且安装位置已知的导航设备或设备组合相配合及协调工作才能实现对该运载体的导航，这些居于运载体之外配合实现导航功能的导航设备或设备组合通常称为导航台或站组。

（2）按无线电导航台安装地点分类。

① 地面基无线电导航系统：这种导航系统的导航台安装在地球表面的某一确知位置上。

② 空间基无线电导航系统：这种导航系统的导航台安装在空中某一特定载体上或人造地球卫星上（将来也可能安装在自然星体上）。

（3）按无线电导航系统最大有效作用距离分类。

① 近程导航系统：有效作用距离约 500 km。

② 中程导航系统：有效作用距离约 1 000 km。

③ 远程导航系统：有效作用距离约 3 000 km。

④ 超远程或全球覆盖导航系统：有效作用距离大于 10 000 km，或者说地球上任何地方都是该系统的有效作用范围。

（4）按系统提供的导航参数（或位置线形状）分类。

① 无线电测向导航系统（直线位置线）。

② 无线电测距导航系统（圆位置线）。

③ 无线电测距差导航系统（双曲线位置线）。

④ 无线电测距和导航系统（椭圆位置线）。

⑤ 复合式（测向-测距、测距-测距差、测距和-测距差）无线电导航系统（直线-圆、圆-双曲线、椭圆-双曲线）。

(5) 按系统中主要观测的电信号参数分类。
① 振幅式无线电导航系统。
② 频率式无线电导航系统（LRRA）。
③ 相位式无线电导航系统（VOR）。
④ 脉冲式无线电导航系统（DME）。
⑤ 复合式无线电导航系统（TACAN）。

2）卫星导航系统

具有全球导航定位能力的卫星导航定位系统称为全球卫星导航系统，英文全称 Global Navigation Satellite System，简称为 GNSS。卫星导航系统一般指全球卫星导航系统。

全球卫星导航系统现有 GPS、GLONASS、GALILEO 和 BDS。卫星导航定位的基本原理是根据高速运动的卫星瞬间位置作为已知的起算数据，采用空间距离后方交会的方法，确定待测点的位置。卫星导航系统由空间部分（卫星）、地面控制系统（数据校正）、终端设备组成。

3）惯性导航系统

惯性导航系统（Inertial Navigation System，INS），也称惯性基准系统。通过测量运载体加速度（惯性），并自动积分运算，以获得运载体的即时速度和即时位置数据，从而形成导航指令进行运载体控制。

组成惯性导航系统的设备都安装在运载体上，工作时不依赖外界信息，也不向外辐射能量，不易受到干扰，是一种自主式的导航系统。

4. 航空导航的基本任务

飞机从一个机场飞到另一个机场，一般均要按照严格的计划程序飞行。首先是起飞，按特定离港（脱离机场）出口进入计划航线；而后在到达目的地时脱离航线，按特定进港入口进港，按指定着陆跑道的进近路径进行进近和着陆，最后着落到特定跑道上，直至滑行到停机坪，完成一次完整的飞行。图 1-2 所示为飞行过程示意图，从图中可见，整个航行可分为两类空域：港区（或机场）空域和航线空域。飞机在这两类空域均需要导航，特别是复杂气象条件下的航线飞行和进场着陆对导航的需求更加迫切，但它们的具体要求又有很大区别，所以使用的系统或设备也不一样。有时把完成航线导航任务的导航系统称为航路导航系统；把完成进场着陆引导的导航系统称为着陆引导系统（有的着陆引导系统具有离港引导能力）。另外，随着航空事业的发展，空域中飞机密度增高，特别是港区空域更加突出，空中航行管制显得非常必要，这也是导航业务的一个重要方面，专门用于空中航行管制的系统称为空中交通管制系统（Air Traffic Control System，ATCS）。除上述任务外，导航还有其他任务，如空中防撞、空中侦察、武器投放、救生、救灾等。综上所述，可以把航空导航的主要任务归结为以下几点：

(1) 引导飞机按计划航线飞行。
(2) 确定飞机实时位置及航行参数（如航向、速度等）。
(3) 引导飞机在各种气象条件下进近、着陆。
(4) 为空中交通管制和飞机防撞提供有关信息。
(5) 提供其他军民航有关的引导信息。

上述各项任务中，确定飞机实时位置及运动参数是完成其他各项任务的基础。

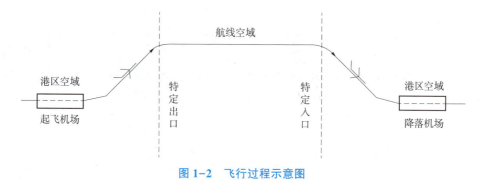

图1-2 飞行过程示意图

【学习研讨】

背景描述	从石器时代到现代文明的今天，从第一架飞机的诞生到五代战机超强性能的跨越，航空领域得到迅速的发展，未来会如何，将留给新一代年轻人去探索和追求
讨论主题	描述航空导航的发展历程与未来展望
成果展示	小组讨论，以文字、语言描述或数字化方式展示讨论成果。 简要列出汇报大纲：
任务反思	1. 学到的知识点有哪些？ 2. 你对自己在本次任务中的表现是否满意？写出课后反思。

【学习评价】

专业知识	能力提升	职业素养	评价结果
内容全面且组织有条理：准确描述导航系统的相关知识	能采取多种方式收集信息、解决问题，进行分析和总结	有很好的团队合作意识，积极交流沟通与分享	优秀□
内容比较全面且组织比较有条理：较为准确描述导航系统的相关知识	能较好地收集信息、解决问题，分析和总结比较到位	有较强的团队合作意识，交流沟通和分享能力较好	良好□
内容不全面且组织条理不清晰：简单描述导航系统的相关知识	不能全面地收集信息、解决问题，分析和总结的能力还需提升	团队合作意识不够，缺少交流沟通和分享能力	一般□

学习单元二　航空导航相关参数

【情境导入】

　　中学时学习了空间坐标系，对于飞行在万米高空且不停运动的飞机是否适用？古人出行通过观星辨位，现代飞机靠无线电引路，确定飞机相对于导航台的方位、距离等几何参数，并对飞机进行定位、导航和授时，这些都融入了无数人的智慧与汗水。图1-3所示为地理坐标系参数。

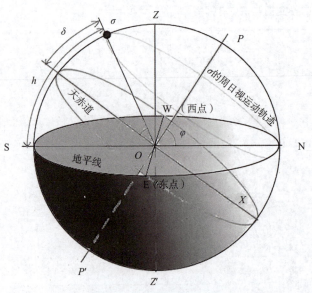

图1-3　地理坐标系参数

【学习目标】

(1) 了解地理坐标和地球磁场；
(2) 掌握导航的基本参数；
(3) 了解位置线与定位方法；
(4) 掌握无线电导航实现的基础；
(5) 具有主动学习、独立思考的能力；
(6) 具有系统思维、创新思维的能力；
(7) 具有坚持不懈的创造精神；
(8) 具有坚定的理想信念、强烈的航空报国情怀。

【知识导航】

1. 地理坐标

飞机是相对于地球表面运动的，在导航中通常利用地理坐标系（大地坐标系），如图1-4所示，来表示飞机的位置。

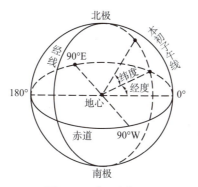

图1-4 地理坐标系

通过地心且与地轴相垂直的平面，把地球分成南北两个半球，平面与地球表面的交线称为赤道。在地理坐标系中，赤道相当于平面直角坐标系中的横坐标轴。

其余与地轴相垂直的平面与地球表面的交线都是小圆，这些小圆称为纬圈（纬线）。纬圈平面都是和赤道平面相平行的，纬圈与地心的连线与赤道平面之间的夹角，就是这个纬圈的纬度。用纬度可以表示地球上任何一点的南北位置。赤道的纬度为0°；赤道以北为北纬（N）0°~90°，北极的纬度为90°N；赤道以南为南纬（S）0°~90°，南极的纬度为90°S。

包含地轴的平面与地球表面的交线都是大圆。这些大圆都通过地极，称为经圈，经圈总是与纬圈正交的。经圈的一半叫作经线，又叫子午线。国际上约定，以通过英国伦敦南郊的格林尼治天文台子午仪中心的经线作为起始经线，又叫本初子午线。

以起始子午线（0°子午线）为基准，可以用经度来表示其他经线的位置。地球表面上任意一点的经度，就是通过该点的子午线平面与起始经线平面之间的夹角。起始子午线向东为东经（E）0°~180°；向西为西经（W）0°~180°。用纬度和经度来表示地球上任何基点在大地坐标系中的地理位置。

2. 地球磁场

地球存在磁场，而且磁极与地理南北极不重合，这给飞行增加了麻烦。地理南北极的方向线叫作真经线（Nt），稳定的自由磁针所指的南北方向线（真实中的磁场及磁极并不稳定甚至发生移动，所以航图会在一定时间内校正并修改）叫作磁经线（Nm），真经线与磁经线常不重合，如图1-5所示。以真经线为基准，磁经线北端偏离真经线北端的角度叫作磁差（ΔM 或 VAR），磁经线偏东为正磁差（$+\Delta M$），偏西为负磁差（$-\Delta M$）。

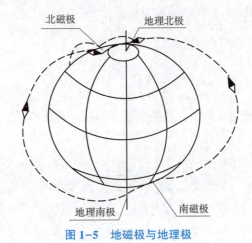

图1-5 地磁极与地理极

3. 导航的基本参数

1）航向角（HDG）

航向角是由飞机所在位置的经线北端顺时针测量到航向线（飞机纵轴前线的延长线在水平面上的投影）的角度，如图1-6所示。

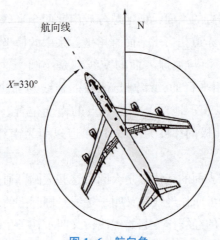

图1-6 航向角

磁航向角：以磁经线为基准的航向角。
真航向角：以真经线为基准的航向角。
两个航向角的关系前文中已经描述过。

2）航线

飞机从地球表面一点（起点）到另一点（终点）的预定航行路线叫作航线，也称预计航迹。

一条航线通常由起点、转弯点、检查点、终点等组成。在目视规则（VFR）条件下飞行，通常以起飞机场作为航线起点，以着落机场作为航线终点，而转弯点和检查点则是一些明显易辨的地面景物。航线的方向叫作航线角，即从航线起点的经线北端顺时针量到航线去向的角度，如图1-7所示，有三种；因经线有真、磁之分，所以航线角也有真航线角（TC）和磁航线角（MC），它们之间相差一个磁差。

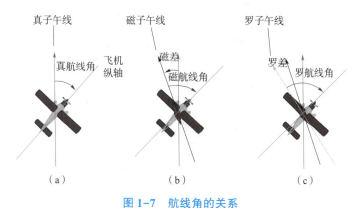

图 1-7 航线角的关系

(a) 真航线角；(b) 磁航线角；(c) 罗航线角

3）方位角

方位角是以经线北为基准，顺时针测量到水平面上某方向线的角度，如图1-8所示，电台的方位角是40°。

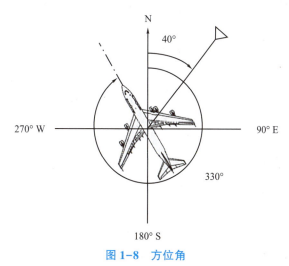

图 1-8 方位角

表示方位时可以用磁经线为基准,也可以用真经线为基准。

以磁经线为基准的方位角叫作磁方位角。

以真经线为基准的方位角叫作真方位角。

表示方位时,必须明确以哪一点为基准点。

如图1-9所示,当从飞机A处观察地面电台S时,从A点处的经线北端顺时针转到飞机与电台的法线AS的角度θ_S称为电台方位角。

如果从电台S处观测飞机,从S处的经线北端顺时针转到电台与飞机的连线SA的角度θ_A,则称为飞机方位角。

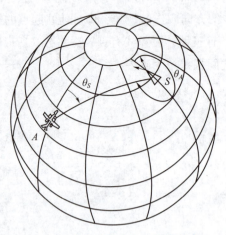

图1-9 电台方位角与飞机方位角

在飞机上观测地面或空中目标,也常以飞机纵轴的前端同观测线在水平面上的夹角来表示目标的方向,这一角度称为相对方位角θ_r。

图1-10(a)中,电台的相对方位角为330°;图1-10(b)中,另一架飞机的相对方位角是-30°。

4)航迹与航迹角

航迹(TK):飞机重心在地面的投影点的移动航迹。飞机在某一时刻的实际运动方向角就是该时刻飞机的航迹角。

航迹角是从经线北端顺时针旋转到航迹去向的角度。

5)所需航迹角(DTK)

所需航迹角是指在特定飞行阶段,为了达到预定目标或沿着特定路径飞行,飞机或航行器所需保持的航迹角。

6)航迹角误差(TKE或TAE)

航迹角误差是所需航迹和实际航迹间的夹角,即所需航迹与地速向量之间的夹角。航迹角误差通常标明左(L)或右(R)。

7)偏流角(DA)

当存在侧风时,飞机的实际航迹就会与飞机的航向不一致,航向线与航迹线之间的夹角称为偏流角。当航迹线偏向航向线的右边时,规定偏流角为正值。

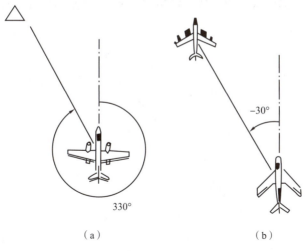

图 1-10 相对方位角

(a) 330°；(b) -30°

8) 航路点（WPT）

航路上，用于飞机改变航向、高度、速度等或向空中交通管制中心报告的明显位置，称为航路点。

9) 距离（DIS）

指从飞机当前位置至飞往的目的地或前方航路点之间的距离，即待飞距离。

通常，航路是由几个航路点连成的折线航路。在不加声明时，距离是指飞机沿指定航路飞往目的地的沿航距离。

两个航路点之间的距离为连接两个航路点的大圆距离。

10) 偏航距离（XTK）

指从飞机实际位置到飞行航段两个航路点连线之间的垂直距离。

11) 地速（GS）

飞机在地面的投影点移动速度叫作地速。

地速是飞机相对于地面的水平运动速度。

12) 空速（AS）

空速是飞机相对于周围空气的运动速度。

13) 风速（WS）与风向（WD）

风速与风向是飞机当前位置处大气的运动速度与方向，风向、风速是相对于地面而言的。

空速 S_A、风速 S_W 和地速 S_G 的关系（图 1-11）为

$$S_G = S_A + S_W$$

当风速等于零时，飞机的地速等于空速。

14) 估计到达时间（ETA）与待飞时间

估计到达时间是从飞机目前位置到飞行目的地（或前方航路点）之间的估计飞行时间。

待飞时间是自飞机当前位置起，按飞机当前的地速值等计算的沿航线飞达目的地的空中飞行时间。

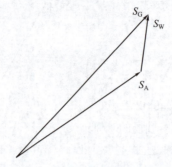

图 1-11　空速、风速和地速的关系

4. 位置线

所谓位置线，就是通过导航系统测得的电信号所对应的导航参数为定值时，该参数值所对应的接收点位置的轨迹线。

导航系统可能的位置线有直线、圆、双曲线等。相应地，可以把导航系统划分为测向系统、测距系统及测距差系统。

测向系统的位置线是直线，如全向信标、自动定向机的位置线都是直线。

测距系统的位置线是平面上的圆。测高系统的位置线也是一个圆，不过这个圆是以地心为圆心、以地球半径与飞机离地高度之和为半径的。在可以把地球表面看成平面的范围内，才可以把等高线看成与地平面平行的直线。

测距差系统的位置线为双曲线，如利用测距差原理工作的奥米伽导航系统、罗兰导航系统等，其位置线为双曲线，这类系统又叫双曲导航系统。

5. 导航定位方法

1) $\rho-\theta$ 定位系统

利用测距系统的圆形位置线与测向系统的直线位置线相交的方法，可以确定接收点（飞机）的具体位置 M，这种定位方法称为 $\rho-\theta$ 定位，也称极坐标定位。

2) $\theta-\theta$ 定位系统

通过测定两个导航台的方位，可以获得两条径向直线，从而通过这两条直线的交点可确定飞机的位置。

3) $\rho-\rho$、$\rho-\rho-\rho$ 定位系统

$\rho-\rho$ 定位系统测定到两个导航台的距离以获得两个圆形位置线，通过这两个圆的交点即可确定飞机的位置。

如果同时测量到三个分离的导航台的距离而获得三条圆形位置线，则三个圆只可能有一个公共交点，因而也就不再存在位置模糊问题，这就是 $\rho-\rho-\rho$ 定位系统。

4) 双曲线定位系统

通过测量一组导航台的距离差，可以得到一组双曲线；同时测量另一组导航台的距离

差,又可以得到另一组双曲线。利用这两组双曲线的交点,即可确定飞机的位置。

显然,要单值地确定运载体的位置,至少需要测定两条位置线(在二维空间内)的位置面(在二维空间内),然后利用相交定位法完成定位。

6. 无线电导航实现的基础

无线电导航实现的基础,主要从基本条件、信号体制、基本构成基础三个方面进行说明。

1) 无线电导航实现的基本条件

无线电导航是建立在无线电信号场的基础之上,从这一角度来说,如果在运载体的整个活动环境中,能够建立无线电信号场,并能有效地检测和识别,便可以实现对运载体的无线电导航。这一概念,在考虑为某种运载体设计和选用无线电导航装备时尤为重要,主要包含以下两个要点:

(1) 无线电信号场并不是在任何运载体的活动环境中都能建立的,还与频段有关。如潜艇在深水下潜后,由于无线电信号场不能在深水下建立,所以在深水下的潜艇就不能使用无线电导航,如果迫不得已要用,则必须有漂浮天线。中波段以下频段的无线电信号场由于不能穿透电离层,所以,穿过电离层或在电离层之上活动的运载体就不能利用地基的中波段以下频率的无线电导航装备。

(2) 在运载体活动环境中建立的无线电导航信号场还必须满足有效检测和识别的条件,否则也无法实现导航。这就要求无线电导航信号场有足够的强度、明显的识别特性、良好的电磁环境或抗电磁干扰(含人为干扰)能力。

2) 无线电导航系统的信号体制

所谓无线电导航系统的信号体制(或信号格式)概括地说即为该系统电信号参数中的某一个或几个与它提供的导航参数(如实时位置、速度、方向等)之间的对应或转换关系,以及电信号产生和处理规范(或约定)。在学习无线电导航系统时,针对电信号参数与导航参数转换关系来学习系统的信号体制规范,便可获得事半功倍的效果。

3) 无线电导航系统的基本构成基础

任何一个无线电导航系统都由三个基本部分组成:

(1) 数学方法部分,涉及的是系统基本数学模型,或基本导航定位方法,或几何原理,这是系统最基本的部分。

(2) 无线电导航信号体制部分,简称信号体制或信号格式。每一个实用无线电导航系统或装备都有它自身特定的信号体制规范。

(3) 无线电技术部分,它是一个系统的数学方法,是信号体制得以实现从而保证导航功能完成的技术基础。

综上所述,便可以把实用无线电导航系统的基本构成基础(以下简称系统构成基础)写成一个简要的表达式:

$$系统构成基础=数学方法+信号体制+无线电技术$$

【学习研讨】

背景描述	在无线电导航中，会使用磁罗盘导航，以磁经线为基准的磁方位角来确定航向，亦会使用卫星导航，以真经线为基准的真方位角确定航向，两者之间既有区别也有联系
讨论主题	描述不同方位角的区别与联系，在导航中有何种意义
成果展示	小组讨论，以文字、语言描述或数字化方式展示讨论成果。 简要列出汇报大纲：
任务反思	1. 学到的知识点有哪些？ 2. 你对自己在本次任务中的表现是否满意？写出课后反思。

【学习评价】

专业知识	能力提升	职业素养	评价结果
内容全面且组织有条理：准确描述导航相关参数的知识	能采取多种方式收集信息、解决问题，进行分析和总结	有很好的团队合作意识，积极交流沟通与分享	优秀□
内容比较全面且组织比较有条理：较为准确描述导航相关参数的知识	能较好地收集信息、解决问题，分析和总结比较到位	有较强的团队合作意识，交流沟通和分享能力较好	良好□
内容不全面且组织条理不清晰：简单描述导航相关参数的知识	不能全面地收集信息、解决问题，分析和总结的能力还需提升	团队合作意识不够，缺少交流沟通和分享能力	一般□

模块二

近距无线电测向系统

在无线电技术不断进步的今天,无线电已广泛应用于航空、航天、气象、高速铁路等多个行业。新的无线电应用迅猛发展,无线电测向技术是无线电技术应用的一个方面,涉及社会发展的诸多领域,并且在无线电管理行业中占有举足轻重的地位。无线电测向起源于航海,在二战期间得到迅速发展,其核心——无线电测向方法也经历了一个从简单到复杂、从粗略到精确的发展过程。近年来,我国在此方面投入了大量人力和物力进行研究,世界其他各国也早已着手开展相关无线电测向系统的研制和开发。

你知道飞机上都有哪些无线电测向设备吗?让我们一起走进机载无线电测向系统,探索航空无线电测向技术的发展与未来!

学习单元一　自动定向仪系统(ADF-NDB)

【情境导入】

自动定向仪(Automatic Direction Finder,ADF)是一种具有广泛用途的无线电导航设备,它虽然经过几次较大规模的技术改造,但是基本定向原理并没有改变,如图2-1所示。自动定向仪的构造简单、使用方便,各种大型飞机、直升机、小型通用飞机等都普遍装备有自动定向仪。

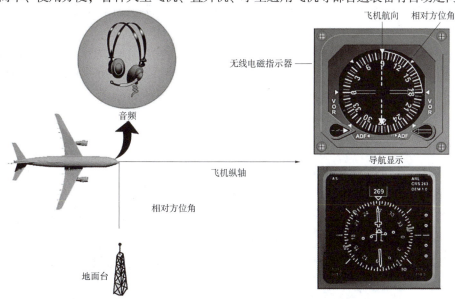

图 2-1　自动定向仪

【学习目标】

（1）掌握自动定向仪系统的功用和组成；
（2）掌握自动定向仪系统的工作原理和使用要求；
（3）具有进行自动定向仪系统的基本测试能力；
（4）具有进行自动定向仪系统的基本维护能力；
（5）具有分析问题、解决问题的能力；
（6）具有良好的心理素质，具有不断开拓创新的意识；
（7）培养学生的大国工匠和机务精神，形成正确的人生观和价值观。

【知识导航】

1. 自动定向仪系统

自动定向仪（ADF），又称无线电罗盘，工作频率在 190～1 750 kHz，是一种振幅最小值测向无线电导航系统。它是最早用于飞机导航的无线电设备，可以通过接收地面各地的民用中波无线电广播电台或专用的地面导航台 NDB（无方向信标）的信号来实现对飞机的导航。

自动定向仪是利用具有方向性的环形天线进行定向的。最早期的定向仪采用人工旋转环形天线的办法定向，随着科学技术的发展逐渐演变到现在的机载自动定向仪（ADF）系统。

地面导航台 NDB 是一个中波导航发射机，向空间全方位发射无线电信号（频率为 190～550 kHz）。不同的地面导航台发射不同的莫尔斯识别信号（由 2 个英文字母组成），并以等幅报或调幅报的方式发射识别信号，调制频率为 1 020 Hz。

地面导航台可根据其设备位置的不同分为航线导航台和双归航台两大类，航线导航台安装在航路上，用于对飞机的航线引导、归航或飞机定位；双归航台安装在飞机着陆方向跑道中心线的延长线上，用于引导飞机进场着陆。

常用的仪表为无线电方位距离磁指示器，它把飞机的磁航向（磁罗盘）综合在同一个仪表中，以罗盘的形式指示。定向仪方位指针相对于罗盘的读数，即为电台的磁方位角，从而更加方便地测定飞机在地理上的位置。

2. 系统功用

机载 ADF 系统通过接收地面台信号，可以用来：
（1）测量飞机纵轴方向（航向）到地面导航台（或中波电台）的相对方位角。
（2）利用 ADF 测出的相对方位角的变化判断飞机飞越地面导航台的时间。
（3）当飞机飞越地面导航台后，可利用 ADF 的方位指示保持飞机沿预定航线背台飞行。在向台或背台飞行时，还可以求出偏流修正航迹。
（4）驾驶员利用向/背台飞行，还可操作飞机切入预定航线。同时，可进行穿云着陆和在机场上空做等待飞行。
（5）可对飞机进行空中定位测量。现在飞机上一般都装有两套机载 ADF 系统，将它们分别调在两个不同方位的地面导航台或广播电台的频率上，即可分别测出两个导航台（或电台）的相对方位角，又可得到两条直线位置线，其交点便是飞机的位置（可看作 10 定位）。

（6）可接收中波民用广播电台的信号，用于定向或收听广播使用；还可收听 500 kHz 的遇险信号（ADF-700 自动定向仪可收听 2 182 kHz 的另一海岸遇险信号），以确定遇险方位。

3. 系统组成

自动定向仪系统属于他备式的导航系统，利用机载自动定向仪和地面导航台，可以引导飞机飞向地面导航台或飞离地面导航台，以及提供某些导航计算所需要的参数。

地面导航台由中波发射机、发射天线及辅助设备组成，安装在每个航站和航线的某些检测点上，不断地向空间全方位地发射无线信号，因此称为无方向信标（NDB）。根据不同的用途，地面导航台可作为航线导航台或者归航台使用。

机载自动定向仪主要包括自动测向接收机、控制面板（盒）、方位指示器、接收天线（环形天线和垂直天线或组合式天线）、无线电磁指示器等，如图 2-2 所示。

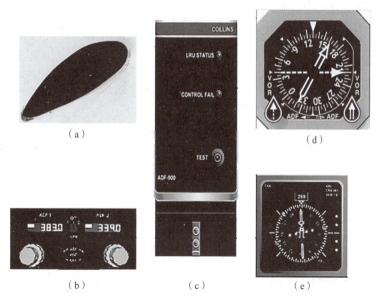

图 2-2　典型机载自动定向仪的组成

（a）接收天线；（b）控制面板；（c）自动测向接收机；（d）无线电磁指示器；（e）方位指示器

两部 ADF 接收天线位于飞机机身顶部；控制面板用来调谐 ADF 的工作频率；自动测向接收机位于电子设备舱中，ADF 的方位角信号通常显示在方位指示器和无线电磁指示器上，如图 2-3 所示。罗差补偿器与天线配合用来补偿由于飞机机身的影响而产生的无线电罗盘误差。

4. 系统工作原理

利用无线电技术确定空间目标（如飞机）相对于地面导航台的角度坐标，实际上是确定发射或接收无线电波的传播方向。无线电波在空间的传播方向可以用仰角 γ 和相对方位角 θ_r 来表示。

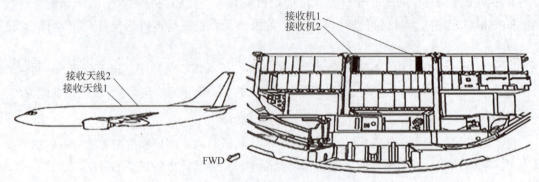

图 2-3 接收天线和接收机的位置

当采用中长波段测向时,由于它是表面波传播,因地球表面空气介质的不均匀性(如随高度的增加,介电系数减小等)以及上层空气电离的影响,使电波的传播轨道在垂直平面内发生弯曲,因此在确定仰角 γ 时将有很大误差。除超短波定向外,中长波测向设备 ADF 不测量仰角 γ,而是测量相对方位角 θ_r,如图 2-4 所示。

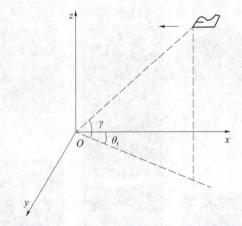

图 2-4 飞机相对于地面导航台的相对方位角

自动定向仪 ADF 在进行自动定向时需要两种天线,如图 2-5 所示:一种是无方向性天线(垂直天线或感应天线),其作用是接收信号用来调谐接收机,并与环形天线接收的信号叠加,为自动定向仪提供单值定向;另一种是方向性天线(环形天线),其作用是提供方位信息。

测向过程中,ADF 需要随时转动环形天线的"8"字形方向图,使其最小值(零值点)对准被测的地面导航台。但是单纯使用环形天线会产生双值性,因此采用环形天线和垂直天线(或感应天线)联合接收,可以得到"心"形方向图,如图 2-6 所示,只有一个最小值来确定飞机的位置。

由于地面导航台发射的无线电信号不具有方向性,要找到来波方向的最小值,需要机载天线的方向图能够旋转,早期曾用过电机直接拖动环形天线转动,现在采用的是天线固定不动,通过测角器来实现方向图转动。

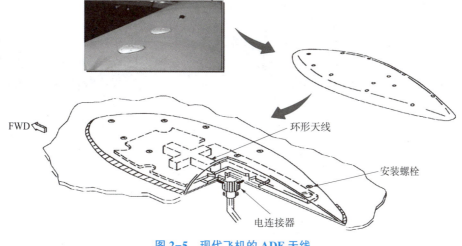

图 2-5 现代飞机的 ADF 天线

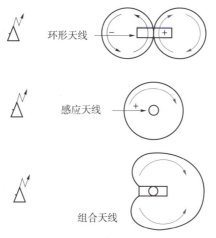

图 2-6 组合天线的方向图

图 2-7 所示为电感式测角器,主要由绕在一个公用轴上的三个线圈构成,其中线圈 A1 和 B1 是两个相互垂直的励磁线圈(固定线圈),第三个线圈 C 可以绕轴转动,称为搜索线圈或转子线圈(活动线圈)。环形天线 A 和 B 正交安装(分别与飞机的纵轴垂直和平行)并固定不动,环形天线的线圈分别接到测角器的两个励磁线圈 A1 和 B1(固定线圈)上。测角器中形成一个合成磁场,测角器的搜索线圈 C(活动线圈)在合成磁场作用下产生感应电势,感应电势振幅随来波方向按余弦规律(即"8"字形)变化。搜索线圈的转动取代环形天线的转动,从而达到了方向图旋转的目的。

5. ADF 的工作方式与显示

ADF 系统有两种工作方式。

(1) ADF 工作模式:ADF 既可以计算飞机到地面导航台的方位角,也可以收听来自地面导航台发送的音频。

(2) ANT 天线模式:只有感应天线在工作,此模式下只可以收听来自地面导航台发送的音频,无法接收方位角信号。

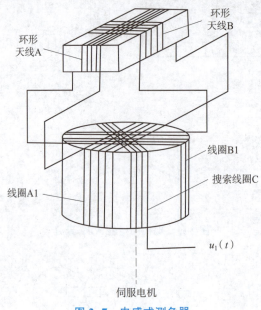

图 2-7 电感式测角器

在大多数的现代飞机驾驶舱内,ADF 的设置可以通过 ADF 控制面板完成,如图 2-8 所示。ADF 控制面板可进行工作频率的调谐、工作模式的选择、音量大小的调节,以及自测试等内容。

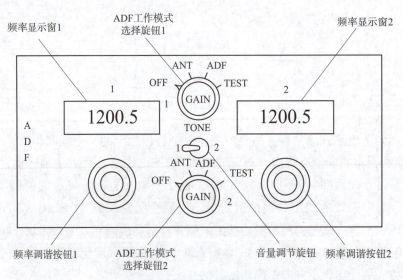

图 2-8 ADF 控制面板(CP)

进行 ADF 地面导航台的识别,必须打开音频控制面板的 TONE 开关,当等幅报信号被调谐时,在飞行内话系统中可以听到 1 020 Hz 的音频。当接收到一个电台时,该音频将消失。如果在等幅报台站调谐时不选择开启位置,则 1 020 Hz 的音频将不会被听到,如图 2-9 所示。

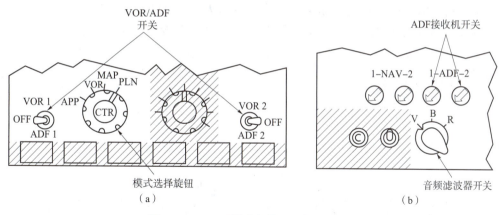

图 2-9 ADF 系统音频控制面板（ACP）

(a) EFIS 控制面板；(b) 音频控制面板

如果飞机安装了两套 ADF，在指示器上可以看到单、双两个指针，在 EFIS 控制面板和无线电磁指示器 RMI 上都有 ADF/VOR 的控制显示开关，可选择不同系统的方位角显示。图 2-10 所示为 ADF 系统指示器。如果来自地面导航台的信号太弱，指针会指到 3 点钟位置或者消失；如果监测到故障，无线电磁指示器上会显示 ADF 故障旗。

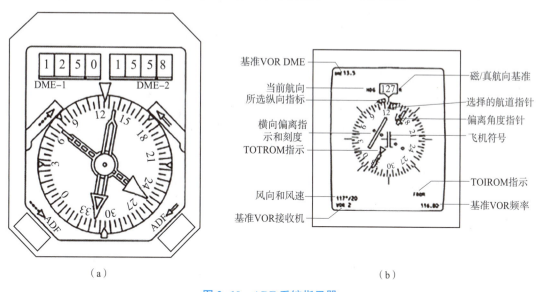

图 2-10 ADF 系统指示器

(a) 无线电磁指示器；(b) 方位指示器

6. 无线电罗盘接收机的三个主要电路

无线电罗盘自动测定导航台方位角的基本原理是利用测角器搜索线圈输出的信号电压，经过放大、变换和鉴别，控制伺服电机转动，带动搜索线圈转至输出信号电压为零位置。在无线电罗盘工作时，随着地面导航台相对方位角的变化，搜索线圈不断转动，始终保持输出信号电压为零，因此，跟随搜索线圈同步转动的航向指示器即可指示出地面导航台的相对方位角。

如图 2-11 所示,无线电罗盘接收机可分为环形天线信号电路、接收电路及自动定向电路。下面按各部分电路的作用,结合信号波形的变化说明罗盘自动定向的基本原理。

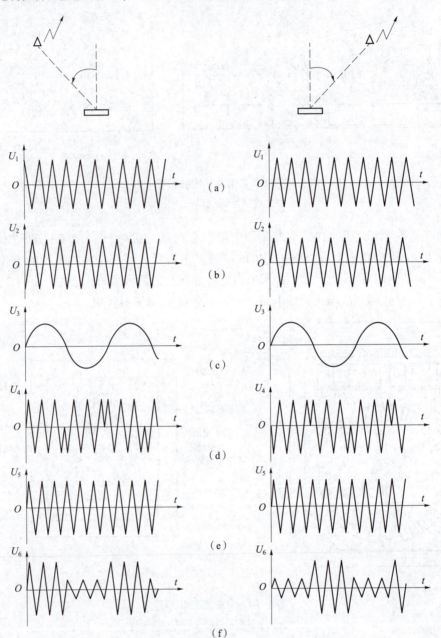

图 2-11　天线部分各级波形图

(a) 环形天线系统感应电势;(b) 移相放大器输出电压;(c) 135 Hz 控制电压;(d) 换相器输出电压;(e) 垂直天线感应电势;(f) 叠加电路输出电压

1) 环形天线信号电路

环形天线系统输出的信号与垂直天线接收的信号相比较,相位相差 90°,且振幅较小。为了便于两种信号叠加和鉴别地面导航台方位角,设置了环形天线信号电路,用来将环形天线系统输出的信号移相、放大,并在基准135 Hz信号作用下,周期地换相180°。

电波从左方或右方入射时,环形天线系统输出的信号如图2-11(a)所示。此信号传输到环形天线信号电路放大并移相90°后,再受135 Hz基准信号控制,周期地换相180°。由环形天线信号电路输出的信号传输到叠加电路。

环形天线信号电路由移相放大器、换相器、相位校正网络及缓冲放大器组成。其组成框图如图2-12所示。

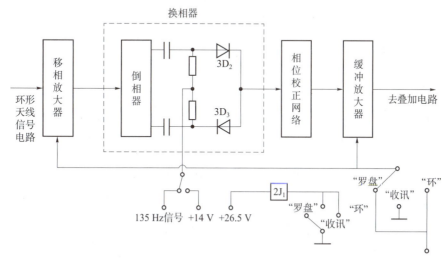

图2-12 环形天线信号电路的组成框图

环形天线信号电路的工作情况取决于控制盒上工作状态选择开关的位置。在"罗盘"状态,此电路正常工作;在"收讯"状态,因断开+14 V电压而停止工作;在"环"状态,由于$2J_1$继电器工作,断开135 Hz信号而接通+14 V电压,使$3D_2$一直导通,$3D_3$一直截止,这样换相器失去换相作用,倒相器变为放大器。

2)接收电路

接收电路主要是一个超外差式接收机。由垂直天线接收的信号通过均衡器(或天线放大器)后与环形天线信号电路输出的信号在叠加电路相加,得到被135 Hz调幅的信号,然后在接收电路中经变频、放大并将包络移相90°,通过检波得出低频信号。此低频信号中包含有调制的135 Hz信号和音频信号,检波所得135 Hz信号反映了电波的入射方向(称为可变相信号),此信号传输到自动定向电路。音频信号通过低频放大器后加到耳机上。

无线电罗盘的接收电路为一个普通的超外差接收电路,其组成框图如图2-13所示。

接收电路主要包括四部分:高频部分、中频部分、低频部分和自动增益控制电路。

(1)高频部分。

高频部分由均衡器(或天线放大器)、叠加电路、高频放大器、本地振荡器、环形混频器及第一级中频放大器组成。

垂直天线接收的信号经过均衡器(或天线放大器)放大后加到叠加电路。叠加电路就是高频放大器的输入电路,在此电路中,垂直天线信号与缓冲放大器输出的环形天线信号相叠加,形成一个随地面导航台的方位而变化的135 Hz调制信号。此信号经高频放大器放大

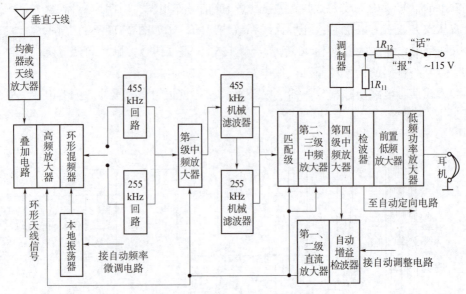

图 2-13 接收电路的组成框图

后,输到环形混频器与本地振荡器信号混频变为中频信号。另外,为了使接收机的频率稳定,设置有接收机自动频率微调电路,以稳定本地振荡器的频率。

由环形混频器输出的中频信号经过第一级中频放大器放大后,通过其负载(即机械滤波器)加到匹配级。

(2)中频部分。

中频部分包括机械滤波器、匹配级、第二级至第四级中频放大器和调制器。

机械滤波器为第一级中频放大器的负载,它的工作原理是将电振荡变为机械振动,然后由机械振动变为电振荡的滤波装置。利用它的较高的选择性作用,选出需要的中频信号,滤除干扰信号。

另外,为了能收听地面导航台的电报呼号,当控制盒上"报-话"电门置于"报"时,调制器就输出一个频率为 800 Hz 的信号加到第四级中频放大器的输入端,对中频信号进行调制,供耳机收听。

(3)低频部分。

低频部分包括检波器、前置低频放大器和低频功率放大器。

中频信号经检波器检波后,取出音频信号,一路加到自动定向电路,另一路输给前置低频放大器,再经低频功率放大器放大后,输至耳机电路。

(4)自动增益控制电路。

自动增益控制电路的作用是根据接收信号的强弱变化,自动地改变接收机放大量,使其输出电压稳定。它由自动增益检波器、第一和第二级直流放大器组成。

3)自动定向电路

自动定向电路的作用是根据 135 Hz 可变相信号和固定相信号(即 135 Hz 基准信号)的相位关系,鉴别出地面导航台的方位,并使伺服电机带动搜索线圈转动到环形天线系统无信号输出时为止,以达到自动定向的目的。

自动定向电路包括低通滤波器、选频放大器、前置放大器、限幅器、可变相信号放大器、135 Hz 振荡器、固定相信号放大器和伺服电机，其组成框图如图 2-14 所示。下面说明各部分电路的作用和相互关系。

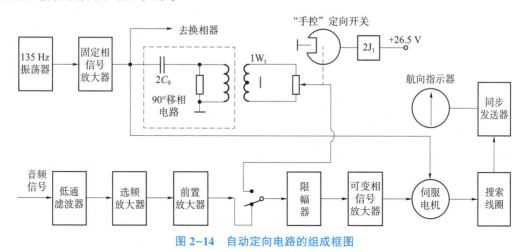

图 2-14　自动定向电路的组成框图

由接收电路检波器传输来的包含 135 Hz 可变相信号的音频信号，加至低通滤波器，经低通滤波器滤除高音频信号，然后输至选频放大器。选频放大器对 135 Hz 信号进行选频放大，并进一步滤除高音频信号，这样得到纯 135 Hz 信号，再经前置放大器、限幅器和可变相信号放大器进行放大和限幅后，加至伺服电机的控制绕组。135 Hz 振荡器产生 135 Hz 基准信号，经固定相信号放大器放大后，加至伺服电机的激磁绕组。

根据 135 Hz 可变相信号和 135 Hz 固定相基准信号的相位关系，电机向左或向右转动。当地面导航台在飞机右侧时，可变相信号相位超前固定相基准信号 90°，电机带动搜索线圈向右转动；当地面导航台在飞机左侧时，可变相信号相位落后固定相基准信号相位 90°，电机带动搜索线圈向左转动，从而达到自动定向的目的。

伺服电机在带动搜索线圈转动的同时，还带动同步发送器转子转动相同的角度，因而航向指示器的同步接收器转子带动指针也转动相同的角度，从而指示出地面导航台的方位角。

【学习研讨】

背景描述	在导航领域中，无线电测试设备是最先使用的设备。早在 20 世纪初，自动定向仪就开始为导航服务。其机载设备由早期的人工转动的环形天线发展到现在的无转动部件的天线设备
讨论主题	介绍自动定向仪系统的组成及主要的测向原理
成果展示	小组讨论，以文字、语言描述或数字化方式展示讨论成果。 简要列出汇报大纲：

任务反思	1. 学到的知识点有哪些？ 2. 飞机上的磁罗盘和无线电罗盘的区别是什么？无线电罗盘的主要作用又是什么？

【学习评价】

专业知识	能力提升	职业素养	评价结果
内容全面且组织有条理；准确描述自动定向仪系统的相关知识	能采取多种方式收集信息、解决问题，进行分析和总结	有很好的团队合作意识，积极交流沟通与分享	优秀□
内容比较全面且组织比较有条理；较为准确描述自动定向仪系统的相关知识	能较好地收集信息、解决问题，分析和总结比较到位	有较强的团队合作意识，交流沟通和分享能力较好	良好□
内容不全面且组织条理不清晰；简单描述自动定向仪系统的相关知识	不能全面地收集信息、解决问题，分析和总结的能力还需提升	团队合作意识不够，缺少交流沟通和分享能力	一般□

【拓展学习】

1. 地面导航台的分类

（1）航线导航台：供飞机在航线上定向和定位使用，要求发射功率大、作用距离远。

（2）双归航台：供飞机在着陆时使用，安装在飞机着陆方向跑道中心线的延长线上，如图2-15所示。

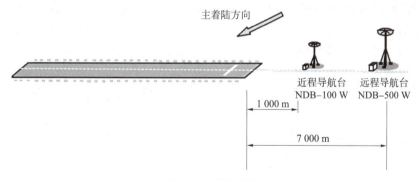

图 2-15 双归航台

2. ADF 环形天线的工作过程

环形天线由于其辐射电阻、效率都很低，所以现实中只作接收天线使用。图 2-16 所示为矩形环形天线。当环形天线平面与地平面垂直 [图 2-16（b）] 时，其赤道面的方向性分析：由远处传来的电波为垂直极化波 [图 2-16（a）]，电场分量与铅垂边平行，所以电波只能在 AC 和 BD 两个铅垂边上产生感应电势 e_1 和 e_2，且在环形天线中的方向相反，所以在环形天线输出端的合成电势 $e_合 = e_1 - e_2$。

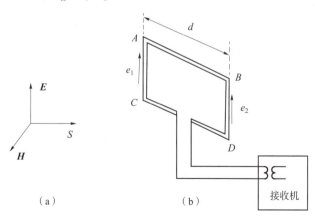

图 2-16 矩形环形天线

当环形天线平面与远处电台所在方向（电波传播方向）成不同角度时，合成电势的大小分析：

（1）环形天线平面与电台所在方向垂直时，$\theta = 90°$，如图 2-17（a）所示。

因为电波到达两个铅垂边的行程相等，所以在铅垂边 AC 与 BD 上产生的感应电势 $e_1 = e_2$，则合成感应电势：$e_合 = e_1 - e_2 = 0$。

（2）环形天线平面与电台所在方向一致时，$\theta = 0°$，如图 2-17（b）所示。

电波先到达铅垂边 AC，产生感应电势 e_1，后到达铅垂边 BD，产生感应电势 e_2，且 e_1 超前 e_2 一个相角 φ。φ 的大小取决于两个铅垂边间的距离 d，即电波传播的行程差，$\varphi = 2\pi d / \lambda$，其中 λ 为电波波长。又因为 d 远小于环形天线与电台之间的距离，所以可认为两个铅垂边所产生的感应电势的幅度相等，即 $e_1 = e_2 = e$。此时的行程差 d 最大，相角 φ 也最大，合成感应电势也最大：$e_合 = 2e\sin\left(\dfrac{\varphi}{2}\right)$。

(3) 环形天线平面与电台所在方向成 θ 角，$\theta \neq 0°$、$90°$、$180°$、$270°$，如图 2-17（c）所示。电波先到达 AC 边产生 e_1，后到达 BD 边产生 e_2，由于电波传播的行程差为 $\Delta r = d\cos\theta$，所以 e_1 与 e_2 的相位差 $\varphi = \dfrac{2\pi(d\cos\theta)}{\lambda}$，此时的合成感应电势为

$$e_{\text{合}} = 2e\sin\frac{\varphi}{2} = 2e\sin\left(\frac{\pi}{\lambda}d\cos\theta\right) \approx 2e\frac{\pi d}{\lambda}\cos\theta = K\cos\theta$$

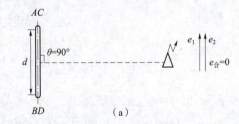

(a)

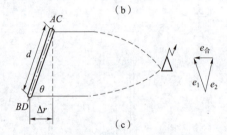

(b)

(c)

图 2-17 不同来波方向时产生的合成感应电势
（a）$\theta = 90°$；（b）$\theta = 0°$；（c）$\theta \neq 0°$、$90°$、$180°$、$270°$

ADF 定向

从以上分析可知，电波传播方向与环形天线平面所成的角度：

① $\theta = 90°$、$270°$ 时，$e_{\text{合}} = 0$；

② $\theta = 0°$、$180°$ 时，$e_{\text{合}}$ 为最大；

③ $\theta = 0° \sim 90°$ 时，$e_{\text{合}}$ 在 0 与最大值之间，且按余弦规律变化。如图 2-18 所示，环形天线的方向图为"8"字形。

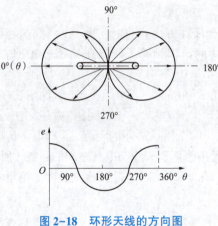

图 2-18 环形天线的方向图

当电波从环形天线零接收方向（90°、270°）左侧或右侧来时，环形天线的合成感应电势反相180°，用"+""−"号标出。

测向过程中，ADF将环形天线与垂直天线（或感应天线）联合接收，采用最小值来确定飞机的位置。

学习单元二　甚高频全向信标系统

【情境导入】

甚高频全向信标属于他备式导航，是一种近程无线电相位测向系统，简称伏尔（VOR）。VOR是第二次世界大战后期在美国首先发展起来的，1946年作为美国航空标准导航系统，1949年被ICAO采纳正式作为国际标准航线的无线电导航系统使用。经过几次技术发展，进一步提高了系统的测向精度，VOR的装备量在世界范围内呈上升趋势。

【学习目标】

（1）掌握VOR系统的功用和组成；
（2）掌握VOR系统的工作原理和使用要求；
（3）具有进行VOR系统组成部件的拆装能力；
（4）具有进行VOR系统基本测试的能力；
（5）具有分析问题、解决问题的能力；
（6）培养团队协作精神；
（7）培养学生的大国工匠和机务精神。

【知识导航】

1. 甚高频全向信标系统概述

VOR的作用距离在500 km以内，是一种近程导航系统。VOR系统是一种连续波相位式全向指向系统，系统由机载设备和地面信标台配套使用，利用比相方法来测定飞机相对于地面信标台的方位角。另外，地面信标台定时发射一组识别信号。识别信号采用莫尔斯电码，一般由2~3个文字组成，以每分钟大约7个符号的速度发出，30 s重发一次。识别信号的频率为1 000 Hz左右，并可进行地-空单工通信。机载设备可兼作仪表着陆的航向接收机。

VOR系统工作在108~118 MHz频段，每隔50 kHz有一个波道，共划分为200个波道。其中VOR系统占用160个，其余40个为仪表着陆系统航向信标占用。在VOR系统所占用的160个波道中，有120个分配给航路导航用，另外40个波道分配给机场终端区域导航用。作为航路导航的VOR地面信标台，工作频率分布在112~118 MHz，辐射功率为200 W，作用距离可达400 km。作为机场终端区域导航的VOR地面信标台，工作频率分布在108~112 MHz，辐射功率为50 W（也可选用100 W），作用距离为40~50 km。

尽管波道数目已足以提供一个较大的工作区使其与邻近台实际上不发生干扰，但是为了在使用波段内能容纳更多的地面信标台，现在国外已制成波道间隔为 50 kHz 的设备，从而使波道数增大 1 倍。目前已建成的 VOR 地面信标台近 2 000 个，系统用户也在 100 000 户以上。

VOR 系统地面信标台发射的水平极化波，由水平极化波所得的方位信息精度在 0°~40° 范围内为±2°以下。系统的优点是质量较轻，能与仪表着陆系统结合进行单工通信，其工作容量不受限制，且不受天电干扰的影响，但作用距离受视距限制。

由于 VOR 系统只能提供方位信息，因此一般和测距系统配合才能定位，且系统本身准确度较低，已不能适应高速飞机导航的要求。

2. 系统功用

VOR 系统的功能：

（1）给出 VOR 方位角指示并可人工预选航线，在偏离预选航线时，给出偏离指示，指明飞机偏离预选航线的程度和偏向何方。

（2）给出一条预选航线。以 VOR 地面信标台为界，包含了两根相反的径线，为反映飞机是位于航线上的哪一根径线上，VOR 系统以 VOR 地面信标台为界具有给出向台（TO）、背台（FROM）指示的功能。

VOR 系统在航空导航中的应用有：利用机场上的 VOR 地面信标台，实现出航和返航；当 VOR 地面信标台装在跑道轴线的延长线上，也可利用它进行着陆引进，利用两个位置已知的 VOR 地面信标台，实现 $\theta-\theta$ 定位；航路上的 VOR 地面信标台可作为航路检查点，实行航空交通管制；VOR 系统与测距器（DME）或塔康（TACAN，战术近程导航系统）相结合，构成 VOR/DME 系统或 VOR/TACAN 系统，实现 $\rho-\theta$ 定位。

3. 系统组成

VOR 系统由 VOR 地面信标台和机载 VOR 设备构成。

常见的 VOR 地面信标台有两种：常规地面信标台和多普勒地面信标台，如图 2-19 所示。多普勒地面信标台设备比较昂贵，但在山脉、高楼大厦等可能导致信号反射的区域，仍能保持良好性能。

(a) (b)

图 2-19 常见的 VOR 地面信标台

(a) 常规地面信标台；(b) 多普勒地面信标台

现在的商用飞机一般选装两套 VOR 设备，如图 2-20 所示，每一套都包含一台接收机，VOR 接收机的频率可以由飞行管理系统（FMS）自动调谐，也可由机组成员人工在导航控制面板输入。VOR 的天线安装在飞机垂尾,通常称为嵌入式天线。VOR 接收机输出的方位角数据显示在 ND 和无线电磁指示器上,同时将数据传给自动驾驶仪,也可以提供给飞行管理系统用于飞机实时位置的计算。另外,VOR 接收机还可以输出音频数据,这样就可以通过莫尔斯音频识别 VOR 地面信标台。大型机场的 VOR 地面信标台还传送语音交通信息和天气预报,简称 ATIS,即自动终端信息服务。

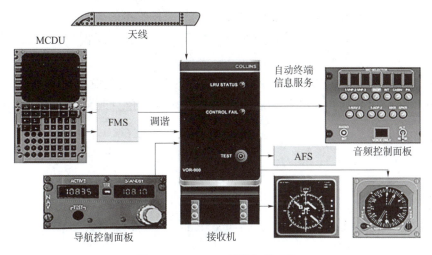

图 2-20　VOR 系统的机载设备

4. 系统工作原理

如图 2-21 所示,地面信标台的天线在水平面上具有"心"形方向图,它以匀角速度按顺时针方向旋转,旋转速率为 30 r/s。当 VOR 机载设备用它的无方向性天线接收地面信标台辐射的信号时,由于地面"心"形方向图的旋转,机上接收信号的场强将产生相应的变化,从而使接收点处的甚高频信号形成与"心"形方向图旋转频率相同的调幅包络,即 30 Hz。

VOR 定向

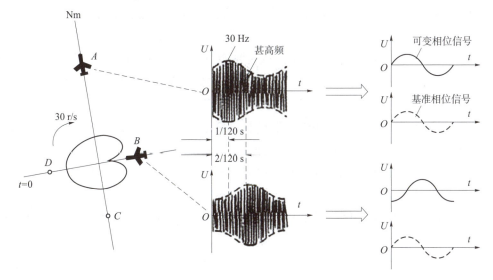

图 2-21　伏尔系统测方位原理

飞机所在方位不同，30 Hz 调幅包络的初始相位不同。现以飞机在图 2-21 中径线上的 A 点和 90° 径线上的 B 点为例说明。假定 $t=0$ 时，"心"形方向图的最大值指向 VOR 270° 径线上，由于方向图以 r/s 的速率沿顺时针方向旋转，A 处机载设备接收的信号其振幅将在 30 Hz 的 1/4 周期，即 $t=1/120$ s 时第一次达到最大值。B 处机载设备接收的信号，其振幅第一次达到最大值的时间将比 A 处推后 1/4 周期，即在 $t=2/120$ s 时，"心"形方向图连续旋转，机载设备接收到振幅连续变化的甚高频信号，该信号经接收机的放大、检波后，得到 30 Hz 的低频信号。从图 2-21 右方实线波形可知，位于 A、B 两处接收机的输出信号初相差为 90°。

参看图 2-22，在同一径线上不同位置 A、B 的飞机，不论其航向如何，VOR 的可变相位与基准相位信号之间的相位差值相同，因此，VOR 方位角只取决于飞机在哪根径线上，而与飞机的航向无关。

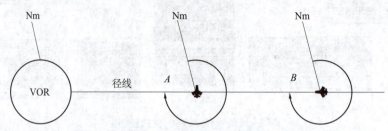

图 2-22 VOR 方位角与航向无关

位于同一径线上但航向不同的两架飞机，它们的 VOR 方位角相等。

5. 无线电磁指示器

1）无线电磁指示器面板及控制关系

无线电磁指示器（RMI）用于指示无线电设备和磁罗盘给出的导航参数。

图 2-23（a）所示为一种 RMI 面板。面板上方的三角箭头是认读磁航向的参考线，它始终代表机首方向，故也称机首线。指示器上的固定刻度通常按 5° 分度，机首线和固定刻度相对于飞机机身是不转动的。

RMI 上的罗牌（罗盘方位牌的简称），由磁罗盘（磁航向系统）的信号驱动，磁罗盘工作正常时，不论飞机航向如何变化，罗牌的 0 刻度（或 N 刻度）始终指向磁北。

RMI 通常有单、双两根指针，由两部机载无线电设备分别驱动，用于同时指出两个地面导航台的方位。当选择开关在"ADF"位置时，由无线电罗盘提供的信号，经自动同步器驱动 RMI 的指针；当选择开关在"VOR"位置时，差同步器动圈的输出信号经自动同步器驱动 RMI 的指针。无论是由 ADF 或是由 VOR 信号所驱动，RMI 指针的箭头始终指向所接收的地面信标台。

图 2-23（b）只画出了单指针的信号控制关系，双指针的信号控制关系与单指针的相同。

2) RMI 认读及飞行中的指示

各有关导航参数在 RMI 的认读方法如下：

磁航向：机首线所指示的罗牌刻度值；

VOR 方位：单指针（或双指针）箭头所指示的罗牌刻度值；

VOR 相对方位：机首线至单指针（或双指针）箭头的顺时针角度；

ADF 相对方位：机首线至单指针（或双指针）箭头的顺时针角度。

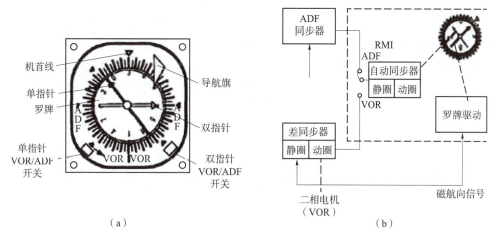

图 2-23　RMI 面板及控制关系

（a）RMI 面板；（b）控制关系

图 2-24 所示为飞行中 RMI 指示的一个例子，有关参数的读取值如表 2-1 所示。

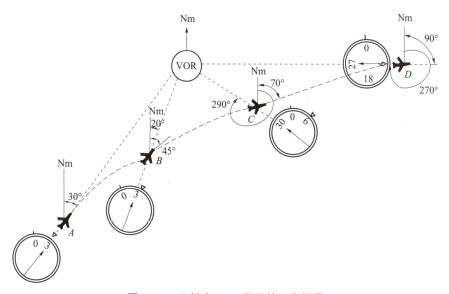

图 2-24　飞行中 RMI 指示的一个例子

表 2-1　RMI 参数读取举例

飞机位置	磁航向	VOR 方位	VOR 相对方位
A	30°	30°	0°
B	45°	20°	335°
C	70°	290°	220°
D	90°	270°	180°

这三个导航参数之间的关系是：伏尔方位=磁航向+伏尔相对方位。

当磁航向与 VOR 相对方位之和大于 360°时，算出的 VOR 方位应减去 360°。

由图 2-24 可得到下述结论：工作时，RMI 指针箭头始终指向地面信标台，罗牌 0 刻度（或 N 刻度）始终对准磁北；机首线代表机首方位。

3）差同步器的作用

飞行过程中，可能发生的状态有：飞机只改变航向而不改变位置（在地面时可能发生这种情况）；飞机保持航向在一条径线上飞行，如图 2-25 中飞机由 A→B；飞机的航向和径线皆变化，如图 2-25 中由 A→C 等。但不论情况如何，RMI 指针的箭头均应指向 VOR 地面信标台，差同步器使这一要求得以实现。

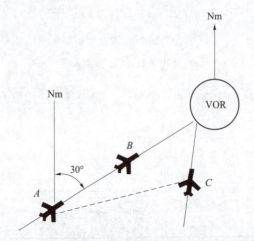

图 2-25　各种情况下 RMI 指针应指向伏尔地面信标台

参看图 2-23（b），磁航向信息供给差同步器的静圈，差同步器的动圈由 VOR 机载设备的二相电机控制，其转角由所在 VOR 径线确定。差同步器动圈的输出信号是磁航向和 VOR 信息的综合结果。

对图 2-25 中 A 处所示的飞机状态，在 RMI 上的正确指示是：磁航向与 VOR 方位皆为 30°，如图 2-26（a）所示。现讨论飞机位置不变，但机首逆时针转动 30°时，在下述三种情况下，RMI 的指针箭头能否指向 VOR 地面信标台？

（1）假定不输入磁航向误差信号：此时飞机航向虽然改变了 30°，但 VOR 径线未变，二相电机不会驱动差同步器的动圈，静圈也无磁航向误差信号输入，RMI 指针不被驱动；罗牌也不被驱动，它们皆随机首逆时针转过 30°，指示如图 2-26（b）所示。此时罗牌 0 未对准磁北，RMI 指针的箭头也偏离了 VOR 地面信标台。

（2）磁航向误差信号有输入，假定它只驱动罗牌：此时罗牌 0 刻度对准了磁北，但 RMI 指针箭头仍不能指向 VOR 地面信标台，如图 2-26（c）所示。

（3）磁航向误差信号同时供给罗牌和差同步器：此时罗牌 0 刻度对准磁北，同时磁航向误差信号使差同步器动圈磁场顺时针转过 30°，驱动 RMI 指针也顺时针转过 30°，如图 2-26（d）所示，从而得到了正确的结果。

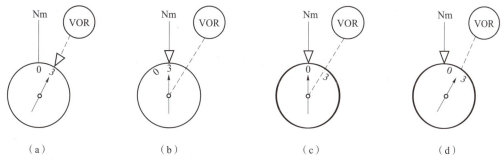

图 2-26　仅航向改变时差同步器的作用

可见，在飞机保持位置只改变航向的情况下，磁航向信号通过差同步器静圈，使其动圈磁场产生一个与航向改变相反的转动，从而导致 RMI 指针的相应转动，磁航向信号还使罗牌转动同样的量，其结果是保持了指针与罗牌的相对关系不变，但 RMI 指针却指向 VOR 地面信标台。

当飞机航向保持恒定而所在的伏尔径线变化时，差同步器中磁航向信号不变，但 30 Hz 可变相位信号的相位变化，驱动二相电机带动差同步器的转子转过相应角度，使 RMI 指针箭头指向 VOR 地面信标台。

当飞机航向和所在径线均变化的情况下，RMI 的指示将是上述两种情况的综合，RMI 将正确地给出即时的磁航向、VOR 方位等导航参数。

6. VOR 系统的误差和作用范围

VOR 系统的误差包括设备误差和传播误差两大部分。

机载设备误差主要由鉴相和同步传送过程中的误差决定。在采用较先进的数字技术后，这部分的误差可控制在 ±1° 左右。

地面台站设备误差主要指由于分集天线的供电和安装不对称，以及其他因素影响所形成的 "8" 字形方向图产生畸变，导致旋转 "心" 形方向图畸变而产生的方位误差。

传播误差主要指场地误差或地形误差：场地误差是由于 VOR 地面信标台附近的地形特点（如山丘、森林等）引起的误差，使 VOR 径线形成不均匀的间隔，严重时，相当于将 VOR 地面信标台地址移位，从而使飞机测方位时产生较大的误差。

为减小场地误差，对 VOR 地面信标台的架设场地和周围地形的要求较严。例如，在靠近伏尔地面信标台 100 m 范围内，地面的灌木丛和树木应清除干净，地面的凹凸不平不应超过 ±15 cm；在 100 m 处不应有高于 1.5 m 的铁桩、围栏、金属网；在 200 m 处不应有高于 10 m 的铁塔；在 500 m 范围内不应有较大的障碍物；VOR 地面信标台与远处山岳顶部的连线和地面的夹角不超过 2°~3°，等等。

由于地面建筑大多沿垂直方向较高大，其二次辐射的垂直极化波较强，而水平极化波则较弱，因此 VOR 系统用水平极化波工作，可以削弱地面建筑物二次辐射的影响。

经过校准后，VOR 系统的总精确度（标准偏差 σ）约为 $2''$。

【学习研讨】

背景描述	近年来，随着航空业的高速发展，越来越多的高精度导航技术（如卫星导航）应用到航空领域中。甚高频全向信标 VOR 导航技术依靠其成本低、航线多等优点，依然是我国航空领域重要的导航方式
讨论主题	介绍甚高频全向信标系统的组成及主要的测向原理
成果展示	小组讨论，以文字、语言描述或数字化方式展示讨论成果。 简要列出汇报大纲：
任务反思	1. 学到的知识点有哪些？ 2. VOR 在测向方面与 ADF-NDB 有哪些区别？

【学习评价】

专业知识	能力提升	职业素养	评价结果
内容全面且组织有条理：准确描述 VOR 系统的相关知识	能采取多种方式收集信息、解决问题，进行分析和总结	有很好的团队合作意识，积极交流沟通与分享	优秀□
内容比较全面且组织比较有条理：较为准确描述 VOR 系统的相关知识	能较好地收集信息、解决问题，分析和总结比较到位	有较强的团队合作意识，交流沟通和分享能力较好	良好□
内容不全面且组织条理不清晰：简单描述 VOR 系统的相关知识	不能全面地收集信息、解决问题，分析和总结的能力还需提升	团队合作意识不够，缺少交流沟通和分享能力	一般□

【拓展学习】

➢ 多普勒 VOR 系统

普通 VOR 系统为减小传播误差，对场地提出了很高的要求，在一些地区（特别是地形复杂的山区）这些要求又往往不易满足。而多普勒 VOR 系统可大大削弱传播误差，因此可在不适宜架设普通 VOR 系统的地区使用。

1. 多普勒 VOR 系统的基本原理

多普勒 VOR 系统利用多普勒效应形成带有方位信息的信号。

多普勒 VOR 系统的天线如图 2-27 所示，由一个无方向性辐射的中央天线和圆阵天线组成。圆阵天线包括 52 个天线单元，它们均匀地排列在以中央天线为圆心，直径为 13.4 m 的圆周上。中央天线在水平面上的方向图为圆，它辐射被 30 Hz 及被识别电码信号调幅的甚高频信号，该信号经机载设备接收、放大、检波后，除输出识别信息外，还输出一个初始相位与方位无关的 30 Hz 信号，将它作为基准相位信号。圆阵天线辐射的信号频率与中央天线辐射的信号频率差为 9 960 Hz，用于形成带有方位信息的信号。以下讨论在机载设备中是如何得到 30 Hz 可变相位信号的。

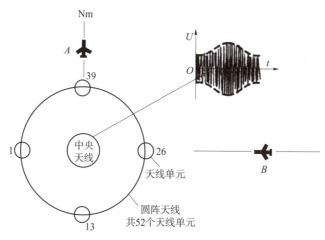

图 2-27 多普勒 VOR 系统的天线

为分析简便起见，假定飞机不动，首先讨论一种最简单的情况，即只给圆阵天线中的一个单元馈电。此时位于地面信标台磁北方位 A 处的机载设备，所接收到的是由中央天线和一个单元辐射信号的合成信号波形，如图 2-28（a）所示。这个波形中的 30 Hz 包络由中央天线的辐射信号形成。

波形中的 9 960 Hz 包络，由中央天线与一个单元辐射信号的差频形成。经过振幅检波，得到如图 2-28（b）所示的波形。当方位变化，如飞机位于 B 处时，其合成信号及检波后的输出与图 2-28（b）类似。可见，只给圆阵天线中某一单元馈电，机载设备所接收到的中央天线与圆阵天线的合成信号中不带有方位信息。

如果依次给圆阵天线的各个单元馈电，情况就不相同了，此时相当于有一个单元在做圆周"运动"。单元"运动"后，由于多普勒效应，机上所接收圆阵天线信号的频率将取决于天线与飞机的相对运动状况，即当天线迎着飞机"运动"时，机上接收圆阵天线信号的频率增高；当天线背着飞机"运动"时，机上接收圆阵天线信号的频率降低。在辐射频率一定时，多普勒频率与天线、飞机间的径向相对运动速度成正比。

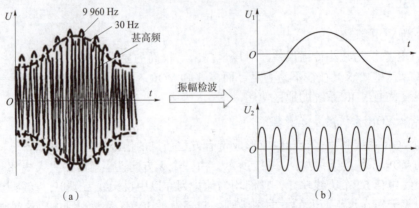

图 2-28　飞机不动，圆阵天线固定馈电时的合成信号

2. 机载设备的兼容

机载设备的兼容是指地面信标台采用普通 VOR 系统或采用多普勒 VOR 系统，对于同一确定的方位，使用相同的机载设备，应给出同样的测量结果。现以图 2-29 来分析兼容是如何实现的。

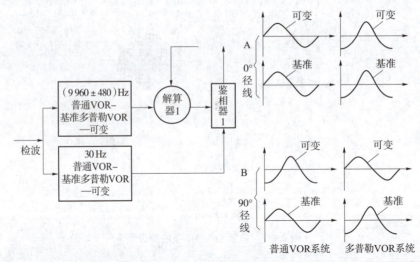

图 2-29　普通 VOR 系统与多普勒 VOR 系统兼容

普通 VOR 系统工作时的情况已在前面分析过，即 30 Hz 的可变相位信号传输至可变相位通道，（9 960±480）Hz 的调频信号（基准相位信号）传输至基准相位通道。在接收多普勒 VOR 信号时，机载设备输出的也是 30 Hz 和（9 960±480）Hz 的调频信号，从传输至上述两通道的信号类型看，两种 VOR 系统是一致的。但应注意到，在多普勒 VOR 系统中，30 Hz 的振幅调制作为基准相位，（9 960±480）Hz 的频率调制作为可变相位，这与普通 VOR 系统正好相反。因此普通 VOR 系统工作时，机载设备的基准相位通道在多普勒 VOR 系统工作时要成为可变相位通道；而普通 VOR 系统工作时的可变相位通道，在多普勒 VOR 系统工作时要成为基准相位通道。针对这一变化，为在不改动机载设备的前提下，能得到与普通 VOR 系统相同的方位指示，将多普勒 VOR 波束的旋转方向选择得与普通 VOR 系统相反，即普通 VOR 波束顺时针旋转，多普勒 VOR 波束则逆时针旋转。

模块三

多功能无线电导航系统

无线电导航是 20 世纪发展起来的导航门类，特别是二战期间至今，由于军、民用的需求和电子技术的发展，无线电导航成为各种导航手段中应用最广、发展最快的一种，成为导航中的支柱门类。

多功能航空导航系统的装置体积小、质量轻，并且导航系统的自动化程度高，能够给出连续和实时的导航参数，保密性强，有抗干扰的能力。

你了解这类航空导航系统的发展历程吗？让我们一起探索多功能航空导航系统。

学习单元一　塔康测向测距导航系统

【情境导入】

塔康系统（TACAN）由美国于 1955 年研制成功，后被法国、德国、英国、加拿大、日本、韩国等广泛使用，主要用于为舰载机提供从几十千米到几百千米距离范围内的导航，保障飞机按预定航线飞向目标，机群的空中集结，以及在复杂气象条件下引导飞机归航和进场等。

【学习目标】

（1）掌握 TACAN 系统的作用和组成；
（2）掌握 TACAN 系统的工作原理和工作方式；
（3）能够理解多功能导航系统的特点；
（4）具有吃苦耐劳精神；
（5）培养团队协作精神；
（6）树立认真负责的工作态度，懂得"机务工作无小事"的道理。

【知识导航】

1. TACAN 系统

塔康是战术空中导航（Tactical Air Navigation）英文缩写 TACAN 的音译名称。因为它的有效作用距离在近程范围内且只能用于航空导航，所以又称航空近程导航系统。该系统采用极坐标定位原理，具有测距测位功能，国内有时也称它为飞机近程测距、测位（或测向）导航系统。

塔康系统最初是美国在20世纪50年代初研制成功的军用战术飞机专用的近程无线电导航定位系统，起初只限于一种空/地工作模式，称为正常工作模式，只使用X波段，后来又扩展了Y工作波段（即具有X、Y两种工作波段）和功能模式，将塔康信标与伏尔信标结合体即伏塔康系统（VORTAC）。

2. 系统功能

塔康属于测距测角系统，又叫极坐标系统。该系统可以利用一个射频通道同时传递距离与方位信息，因而简化了机载设备，同时减少了占用频段。系统可供飞机出航、归航、圆周飞行等航线飞行之用。

系统的测向测距精度较高，机上操作简便、显示直观，飞行员可随时了解自己的位置，非常主动。系统测向误差精度达到0.5°~1°，测距误差不超过200 m。

由于使用的频率（1 000 MHz）较高，地面设备对场地的要求不十分严格；机上天线小，便于安装；受天电干扰较小，不受电离层的影响，无电波衰落现象；有良好的圆形工作区特性。仅用一个地面台即可定位，地面设备机动灵活。小型设备可安装在吉普车上，特别适用于野战机场。可利用脉冲间隙进行数据传输，实现空中交通管制，又可以与仪表着陆系统及其他导航系统联用，因此在我国也被广泛应用。

塔康系统主要的工作模式有"正常工作模式""空/空（A/A）距离模式""空/空距离+方位模式""正常逆模式"和"空/空逆模式"5种。在这5种模式中，"正常工作模式"是最基本的模式，"空/空距离模式"是现代塔康机载设备中必备的附加工作模式，其余3种只在少数专用设备中使用。

1）正常工作模式

该系统在正常工作模式下，一个塔康地面台能够同时为在500 km视线内的100多架飞机提供测距、测位和台识别信息，以确定飞机相对于已知地面台的位置。如果飞机只进行测位和台识别，则工作容量无限（即飞机数量无限）。

2）空/空距离模式

该系统的"空/空距离模式"是塔康机载设备的一种功能扩展，它除了具有"正常工作模式"的功能之外，还具有飞机与飞机之间的测距功能，适用于空中编队和集结。其最大容量为10架飞机左右，最大有效作用距离为视线200 km左右。

3）空/空距离+方位模式

该模式是塔康机载设备功能的进一步扩展，它类似于有一个机载的塔康设备信标台，可以为空中飞机提供测距、测位信息，实现多架僚机相对一架长机进行定位，这种方式比"空/空距离模式"更有利于进行空中编队和集结飞行，其容量也是10架左右，最大有效作用距离为视线200 km左右。

4）正常逆模式

该模式是塔康机载设备通过适当改造（主要是携带方向性天线，具有主动测角能力），利用民航DME（测距系统）地面应答信标的信号，进行极坐标定位的工作模式。这种模式一般为专用飞机使用。

5）空/空逆模式

该模式是"空/空距离+方位模式"的倒置即逆式，这种方式的机载设备也要携带方向性天线，但它不是用于方位发射，而是用于接收测角，它也是用于空中飞机与飞机之间的相对定位。

塔康 5 种工作模式示意图如图 3-1 所示。

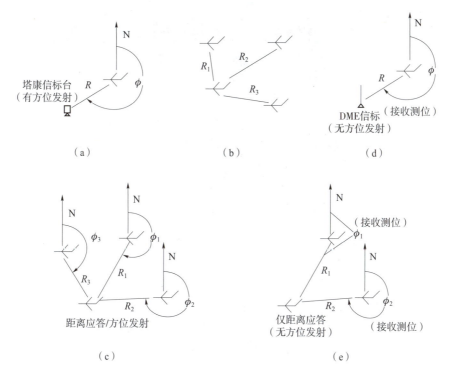

图 3-1　塔康 5 种工作模式示意图

（a）正常工作模式；（b）空/空距离模式；（c）空/空距离+方位模式；（d）正常逆模式；（e）空/空逆模式

3. 系统组成

塔康系统的基本设备包括塔康信标台和塔康机载设备。塔康信标台一般是安装在地面某已知位置，但有时也安装在飞机或车辆上，这时则称为塔康机载信标台或车载信标台。塔康机载设备是安装在飞机上的。塔康系统结构框图如图 3-2 所示，地、空设备都包含有收、发信机。系统工作时，地面信标台始终处于"收、发"状态。机载设备有两种状态，一种是"收"状态，仅能测向；另一种是"发、收"状态，能同时测向、测距。

为了保证塔康系统基本设备的正常工作，系统还需配备较完善的辅助设备，以便校准、测量、监视、检查基本设备的主要性能，控制基本设备的工作状态等。系统的主要辅助设备有信标监测设备、信标模拟器及指示控制设备。

1）基本组成

（1）塔康信标（TACAN Beacon）。

塔康信标是塔康系统的基本组成部分，它通常安装在机场和某航路点的已知地理位置上，为塔康机载设备提供方位和距离及台识别信号，所以常称其为塔康地面信标或塔康地面设备。为了某些特殊用途，塔康信标有时也可安装在航空母舰或大型驱逐舰上，轻型信标也可安装在车辆上，它们分别称为舰载塔康信标和车载机动塔康信标。

塔康信标是实现系统定位的基点，用于接收来自机载设备的测距询问信号，并按特定的

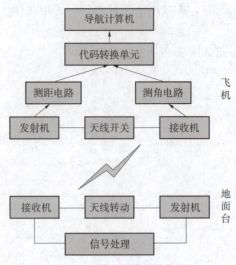

图 3-2 塔康系统结构框图

技术要求向其工作区域辐射方位信号、测距回答信号及信标识别信号，以供机载设备进行测向、测距和识别。一般的塔康信标不能判定和显示飞机的位置，所以也不能进行空中交通管制。

（2）塔康机载设备（TACAN Airborne Equipment）。

塔康机载设备是塔康系统的用户设备，即安装在飞机上的部分，它和塔康信标结合构成基本的塔康系统。飞机利用塔康系统定位，就是利用塔康机载设备与地面信标配合，并通过机载设备的方位、距离测量为飞行员提供位置数据。

塔康机载设备用于测定飞机相对于信标的位置，它按特定的技术要求发射测距询问信号，并接收来自地面信标台的测距回答信号、方位信号和识别信号，通过信号处理、测量电路，测得地面信标台的方位和距离并予以显示。识别信号送至耳机，以判别所选的地面信标台是否正确。

2）塔康系统的配套设备

（1）塔康信标监测器（TACAN Beacon Monitor）。

塔康信标监测器（或监测设备）是用于监视和测量塔康信标主要技术性能指标的配套设备，是保证信标工作性能可靠的重要专用仪表组合，它虽不直接参与导航，但在现代化塔康信标中已经是不可缺少的一部分。有的将其和信标主机统一到一起来进行设计，把它作为整机的一个监测分机，有的则独立设计成一个监测设备。

该设备主要作用有以下两方面：第一，监视塔康信标的主要性能指标，发现故障以警告或指令控制装置进行自动换机（或关机），协助运行值班；第二，用于测量塔康信标的技术指标，便于信标台的维修、调整和校准。

（2）塔康信标模拟器（TACAN Beacon Simulator）。

塔康信标模拟器是用于检测、校准和维修塔康机载设备的专用设备。它可以真实地模拟塔康信标的方位信号和距离回答信号、台识别信号，并提供方位、距离和射频信号电平等定标数据，还可模拟各种距离和方位不同变化率的飞行状态，具有完善的控制和测量显示能力，是塔康机载设备的配套设备。但是塔康信标模拟器和机载设备的配套方式与塔康信标和信标监测器配套的方式根本不同，塔康信标模拟器是不安装在飞机的设备，本身属于在地面使用的检测设备，也是完全独立于塔康机载设备之外的主用设备。

为了使用方便，塔康信标模拟器一般有两种，一种是简易型，用于飞机起飞前对塔康机载设备的现场检测；另一种是功能齐全的，用于场站修理所检修校准，称为标准模拟器。

（3）塔康指示控制设备（TACAN Indicator Control Set）。

塔康指示控制设备有时称为塔康机载设备测试仪，它是测试塔康机载设备收/发主机必备的配套设备。因为塔康机载设备在飞机上安装时，一般分成三部分，它们分别安装在飞机的三个部位，其中收/发主机（包括测量单元）安装在电子舱内，表头和控制盒安装在驾驶员前仪表板上，天线安装在机腹和机头（通常装两个）。机载设备的收/发主机一般故障率高，检修时常常只把收/发主机拿下来检修，所以必须有一个能够与主机配套的表头、控制盒及有关接口电路的测试设备，这就是塔康指示控制设备的作用。

4. 系统原理

塔康定位是极坐标定位，塔康测距是机上主动问/答式双程脉冲测距，测位是全向信标相位式测位。

塔康系统

1）塔康定位的实现过程

在塔康系统的配套设备中有两大基本设备。其"基本"之含义是指系统仅有它们便可实现基本功能。这两大基本设备就是塔康信标和塔康机载设备。塔康系统定位是基于极坐标原理，系统通过测距功能获得圆位置线，通过测向功能获得直线位置线，以其两位置线交点实现定位。由此可见，塔康定位的实现关键就在于系统的两大基本设备如何协调工作，以获得距离和方位信息。

图 3-3 所示为塔康系统定位原理示意图，标注的频率为上、下行信号的射频频率。

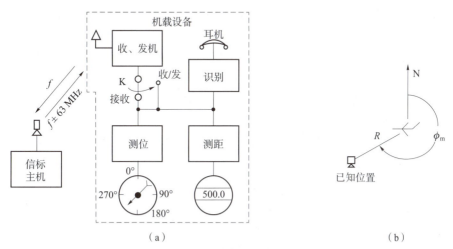

图 3-3 塔康系统定位原理示意图

系统工作时，信标设备的各有关部分全部投入运行状态（指值班机各部分）。信标接收机随时处于高灵敏度状态。信标向外发出的信号包含三种不同作用的信号：测距回答信号和随机填充信号、方位信号以及信标台识别信号。其中，测距回答信号只在测距接收机收到机上发来的测距询问时才有可能产生。

由图 3-3（a）可以看出，塔康机载设备包括收、发机和测距、测位电路及相应指示器。工作时它也有两个控制状态，由飞行员通过控制盒状态开关 K 予以选择。这两个状态就是"接收"状态和"收/发"状态。

在"接收"状态，机载设备只能完成测位和识别信标台的功能。因为此时机载设备不发射测距询问信号，因而信标也不可能发出对该设备有效的测距回答信号，所以它接收来自信标的信号中对其有效的只有方位信号和信标识别信号，因此只能测位和识别。

在"收/发"状态，机载设备不断向信标发射测距询问信号，所以信标台的发射信号中必然包含这个机载设备测距询问的回答（除在发识别瞬间外）。这样机载设备接收机在接收来自信标的信号中，不仅包括方位信号，而且包含测距回答信号，此时机载设备可同时测距、测位，以及识别信标台。

综上所述，塔康系统在工作时，测距、测位都是由机载设备主动实现测量和显示的，信标设备只为机载设备测量提供必要的信号。当机载设备处在"接收"状态时，系统只能实现测位和识别；当在"收/发"状态时，则可测距、测位和识别全功能工作，在此情况下，飞行员（或领航员）就可以同时由方位-距离组合指示器获得信标台的方位和距离数据（φ_m、R），相应确定了以飞机为原点的一条直线位置线和圆位置线，它们的交点便是信标台[见图 3-3（b）]，因为信标台的工作频率和识别信号及台位置是已知的，飞行员通过波道选择开关和耳机听到的识别信号点、划声音编码，便可确知信标台址，因而也就确定了自身的位置。需要特别提醒的是，塔康系统定的飞机位置、地面信标是不清楚的，它既没有提供 φ_m 和 R 的测量功能，更没有其显示数据。

2）塔康测距、测位功能的实现过程

塔康定位的基础是测距、测位。国际民航目前采用的标准近程导航中是采用两套独立的系统来分别完成的。测距利用 DME（地美依）测距系统，它和塔康测距功能的信号体制相类似，设备之间可以兼容；测位采用 VOR（或 DVOR）系统，其测角方法与塔康测位功能相类似，但信号体制根本不同，不能兼容。DME 和 VOR 是两个不同频段、不同信号体制相互独立的单功能系统。而塔康测距、测位则不然，它是在统一的频道和信号体制基础上实现的，因而在系统中可以做到信道共用。图 3-4 所示为塔康系统工作原理框图。

（1）塔康测距功能的实现。

测距时，机上飞行人员首先通过控制盒选定地面信标的工作波道，将设备置于"收/发"工作状态，此时，测距单元产生测距询问触发脉冲。该脉冲经编码形成询问脉冲对，并形成特定要求的钟形脉冲对发射机载频进行调制，形成射频询问脉冲对，放大后由天线发射出去。地面信标天线接收到机上的测距询问脉冲对，经收/发开关（或天线开关）、预选器进入接收机。信标接收机是外差式脉冲信号接收机，它的射频脉冲必须经过严格的译码，才能确认是否给予回答。如果信号符合塔康规定的编码参数，则译码器将脉冲对变成单脉冲输出，否则译码器无输出。测距回答触发脉冲经系统规定的固定延时时间进行准确延时，再经过编码器重新编成回答脉冲对，形成回答脉冲，对信标发射机载频信号进行调制、放大，由天线发出响应询问的回答射频脉冲对。该回答信号传到机载设备，接收机接收此回答信号，通过射频信号译码，将接收到的全部塔康信标发来的脉冲对序列变成单脉冲序列，然后输送到测距单元。测距单元利用询问和回答的同步关系以及询问重复频率的频闪效应对回答

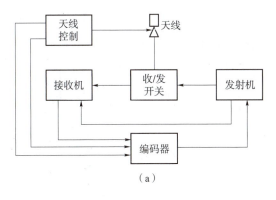

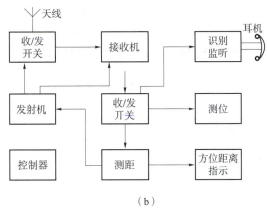

图 3-4 塔康系统工作原理框图

(a)信标；(b)机载设备

信号进行搜索，利用闭环自动控制原理对回答信号进行跟踪，并在跟踪之后进行距离测量，且予以距离数据显示。

(2) 塔康测位功能的实现。

塔康测位原理是相位式全向信标原理，也就是说方位信号是由塔康地面信标发射的。该方位信号包括编码脉冲组形式的方位基准信号（含主、辅基准）和方位包络信号（15 Hz 和 135 Hz），其方位角隐含在这两种信号的相位差之中。

塔康机载设备在测位时，仅处于"接收"工作状态，便可通过天线和接收机接收地面信标台发来的方位信号，并经适当信号处理，分离出主、辅基准信号和相对应的 15 Hz、135 Hz 包络信号，分别由粗、精测方位测量单元测量，便可获得信标台磁方位角 φ_m，并可由 φ_m 导出飞机磁方位角 θ。塔康机载设备经典信号处理单元框图如图 3-5 所示。

5. 塔康系统的战术指标

1) 系统工作区

一般来说，任何一个系统的工作区都是满足某一特定要求条件下的最大有效作用空间。塔康系统的工作区是指一个地面信标台可提供特定测距、测位精度的最大可作用空间。它要受到电波传播特性和有关设备性能的制约。图 3-6 所示为塔康系统工作区示意图。图中，a_e 为标准大气折射条件下的等效地球半径，它近似等于 4/3 倍的地球物理半径；H_1、H_2 分别为信标天线高度和飞机飞行高度，与球面相切的下部阴影区为信号死区；信标天线倒顶锥角

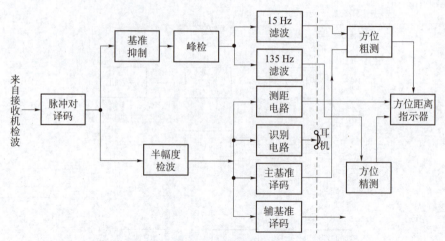

图 3-5 塔康机载设备经典信号处理单元框图

区域为天线方位信号顶空盲区。由此可见，如果飞机在阴影区内飞行，由于收不到信号而不能工作；如果飞机在天线方位顶空盲区内，虽然能收到信号，可以测距，但不能正常测位；如果飞机在阴影区和顶空盲区之间，则测距、测位均能正常工作，这个空间区域就是塔康系统的工作区。在具体设备中，距离表头常常是有最大限定的，如 500 km 上限，这时表头上限也限制了有效工作区。

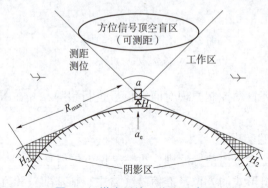

图 3-6 塔康系统工作区示意图

2）系统交通容量

塔康系统的交通容量是指一个塔康的地面台能够同时容纳与其配合工作实现极坐标定位的机载设备最大数量。塔康系统设计时系统设计容量标称值是 100，这个数值主要是测距容量的限制，而对于单一的测位功能，它是无限的。

3）系统精度

塔康系统的系统精度是指设备在规定的使用条件下，系统所能实现的测距、测位精度。这个数据一般都是用统计的办法得到，通常按 95% 概率计算。其表征值为标准误差，即 2σ。在现代塔康系统中，一般测距误差为 ± 200 m，方位测量误差约为 $\pm 1°$。

4）系统工作距离

塔康系统的工作距离是指在系统工作区内，确保测距、测位精度条件下的最大有效距离，这个距离主要与系统所能提供的最大传输损耗有关。

所谓"传输损耗",是指用于无损发射机天线端的功率分贝数与无损接收机天线端的可用功率分贝数之差,可用式(3-1)表达:

$$L = P_T - P_R \tag{3-1}$$

式中,L 为传输损耗;P_T 为无损发射机天线端的功率分贝数;P_R 为无损接收机天线端的可用功率分贝数。由其定义可知,传输损耗包含了因天线方向性、天线相互之间及与地形有关的几何位置所带来的全部增益或损耗。它是计算系统在工作区内可靠作用范围的重要参数。

对于任何可实现的系统,损耗总是存在的,塔康发射机与天线之间常常有较长的电缆和射频控制、转换部件连接。同理,接收机与天线之间也是如此。令发射机输出最大功率的分贝数为 P_t,它至天线之间的插入损耗分贝数为 L_t;令接收机最高工作灵敏度的分贝数为 P_r,它至天线的插入损耗分贝数为 L_r。

若令

$$P_T = P_t - L_t \tag{3-2}$$

$$P_R = P_r - L_r \tag{3-3}$$

则有损系统就可等效为无损系统。将式(3-2)、式(3-3)代入式(3-1)得有损系统的传输损耗表达式。因为一般来说 L_t、L_r 为常数,P_t、P_r 为设备最高性能指标,所以此时 L 趋近于 L_{max},即

$$L_{max} = P_t - L_t - P_r + L_r \tag{3-4}$$

式(3-4)所表达的就是可实现系统的最大传输损耗,简称"系统最大传输损耗"。

6. 塔康系统设备一致性校准或标定

塔康系统的测距测位功能是由地面信标和机载设备共同完成的,其主要战术性能指标除受场地环境影响外,主要和设备相关性能有关。另外,塔康机载设备随飞机飞到不同地面台的工作区,利用不同频道不同地点的地面台定位。这就要求各不同的地面台有关性能的一致性和不同飞机上的不同机载设备有关性能的一致性,这些问题通常称为系统性问题,必须有切实的解决办法,下面就塔康信标监测器和模拟器的一致性校准问题进行分析介绍。

1)塔康信标监测器

塔康信标监测器是用于监视和测量信标主要性能指标的专用设备,它不直接参与塔康系统导航功能的实现,而是作为系统实现可靠导航的保证。既然监测器是用于信标主要性能指标监视和测量,那么监测器本身的功能就和信标被监测的内容有关。虽然塔康信标有许多属于共性指标,但也有和不同类型设备有关的个性指标。另外,即使指标都是一样的,也还有一个选择监测内容着眼点不同的问题及具体测量方法、取样数据不一的问题,因此,不同信标的监测设备是有很大差别的。

(1)监测内容的选择及故障判断。

一个设备的监测内容选择是非常重要的,选择得当,不仅可实现有效监测,而且可大大简化监测设备。要达到这一点,必须对被监测系统以及关键指标的相互关系、指标本身的存在基础有比较深入的了解。另外,还要考虑到实现监测的理论和实现基础。

① 监视内容的选择。

一般来说,总是希望选择较少监测内容,可靠反映较全面的设备主要状态,这本身就是一个很大的矛盾。如何处理这个问题,实际上涉及综合性指标和单一性指标的处理问题。所谓"综合性指标",总的来说,它是一项指标,而从实现这项指标的基础来说,它又涉及许

多具体单一性指标。这类指标通过一项监视，可以代替许多项监视的总效果；所谓"单一性指标"，它是相对独立的指标，它除了影响与它有关的综合性指标以外，不牵涉其他指标。塔康信标的主要功能是与机载设备配合，实现在指定范围内的可靠测距、测位和识别功能，由此出发可以比较明确地提出对信标的基本监视内容：

a. 接收机灵敏度和辐射峰值功率。这两项内容是保证系统在视距内的最大有效距离的基本保证。

b. 方位信号的相位和稳定性，这是保证系统测位功能的基础。

c. 信标回答延时的精确性和稳定性，这是保证系统近距精度的关键。

d. 识别信号的正确性，保证飞行员识别信标台。

② 监视方式的选择。

监视方式的选择主要指对指标的监视是连续监视，还是间断性循环监视。这两种方式的选择一方面取决于指标本身的地位，另一方面涉及指标的特性及设备共用部分的程度。比如，有关时间间隔类指标的监视，在电路方面有很大的共性，且一般这类指标比较稳定，即使有某些偏差，有的可在综合性指标监视中反映出来，有的对主要性能不致有致命性影响，所以常采取循环性监视。但有些时间间隔的信号出现有严格的周期性，如识别信号，这样在循环程序安排时要予以优先；有的项目如接收机灵敏度和信标固定延时，它们本身共用一套功能部件，而且这些指标不能靠单次测量得到可靠判据，指标本身有一定离散性，所以它们的监视常常以监视其中一项为主，能够利用人工控制和适当地对另一项进行定时检查；而方位监视，一方面指标重要，另一方面和其他部分共用部件不多，且要多次测量，所以常用连续监视方式；辐射功率监视也属连续性类型。

③ 故障判断。

监视的终端输出是发出告警或指令转换机构动作。那么，监视本身的重要性和可信度就十分重要，否则，要么可能发生漏警（有故障不告警）；要么出现虚警（无故障假告警），这都是人们所不希望的。因而在监视系统中要根据指标性质采取措施。这就涉及故障判断问题，故障判断一般分两种类型：一种是在单一监测设备中设置较完善的判断电路，进而严格卡关；另一种是在双监测系统中，故障判断必须有两部监测器共用"会诊裁决"。监视内容不同，具体告警门限、判断准则也不同。

（2）方位监测天线的安装。

现代塔康信标的天线一般均采用圆环阵电扫天线，且辐射单元所在圆环阵内有一个圆筒形金属屏蔽层，所以在远离天线任何一个方位处来观察天线，都只能见到视角内的辐射单元天线，因而此处的辐射场也只能是这些可见单元天线辐射场的合成场。这种天线要进行有效监视必须在其周围分立几个监测天线。而且要离信标天线一定距离，通常要互成120°角分设三个，高度处于信标天线电中心水平面以上。

监测天线相对信标天线电中心的方位角一定要严格测准，比测量误差至少高一个数量级，以保证方位监测精度。

2）塔康信标模拟器

塔康信标模拟器是系统的配套设备，它是主要用于校准、测量和调整塔康机载设备的专用仪表。因为它的主要功能之一是模拟塔康信标信号，所以称之为信标模拟器。其实它远远超出模拟塔康信标信号的范围，包含了大量测量及显示功能，这是塔康信标所不具备的。

塔康信标模拟器不仅单纯完成机载设备的一般检测，而且与信标监测器结合，可实现对某些系统指标的一致性测量和校准，其中对系统方位功能的校准尤为重要。

塔康信标模拟器的主要功能如下：

（1）测试机载接收机工作灵敏度。

（2）测试或校准机载测距单元主要功能。

（3）测试或校准机载测位单元主要功能。

（4）检测机载设备识别功能。

3）塔康信标监测器和模拟器的一致性校准

塔康系统各机载和地面设备的一致性校准或标定的指标很多，从战术技术性能来说最为重要的有两点：一是系统方位零度标定；二是系统零公里标定。这两点涉及测位、测距精度。

零公里校准：首先利用监测器测准信标的固定延时应在规定指标精度内，而后用模拟器将机载设备零公里校准。在上述两项工作完成的基础上让机载设备直接与信标联试，以检查分别标定后的零公里实际上是否准确。如果实际联试结果与校准结果一致，则模拟器和监测器的一致性标定符合要求，否则要分析它们的一致性标定问题。

方位零度校准的步骤和零公里校准相类似，也是先用监测器监测信标的零方位指定方位是否准确，其方法是将监测天线准确地安装在指定方位角上，检测信标天线和辐射信号是否符合该方位角为标称值的公差要求，如果符合则为信标方位校准，否则要调整信标方位信号使之达到要求为止；而后利用模拟器校准机载设备零方位或指定方位，校定后，将塔康机载设备天线放置在信标天线的正南方（或某一指定方位上）直接接收信标发射的方位信号，观察实际方位测量结果是否为零方位值（或某一指定值），如果符合要求，则标定一致性符合要求，否则要检查两设备的一致性问题。

【学习研讨】

背景描述	塔康系统是美国海军在 1956 年发展的，也是世界上第一个为飞机提供方位和距离信息的系统。塔康系统能够直观提供方位、距离指示，并实现单台定位，能够直接导出位置坐标，是现代飞机重要的航空电子设备，其主要功能是建立航线、归航、空中战术机动和作为位置坐标传感器
讨论主题	查阅资料，分析此模块中多功能导航系统与前面介绍的导航系统的区别
成果展示	小组讨论，以文字、语言描述或数字化方式展示讨论成果。 简要列出汇报大纲：

续表

任务反思	1. 学到的知识点有哪些？ 2. 你对自己在本次任务中的表现是否满意？写出课后反思。

【学习评价】

专业知识	能力提升	职业素养	评价结果
内容全面且组织有条理：准确描述塔康测向、测距导航系统的相关知识	能采取多种方式收集信息、解决问题，进行分析和总结	有很好的团队合作意识，积极交流沟通与分享	优秀□
内容比较全面且组织比较有条理：较为准确描述塔康测向、测距导航系统的相关知识	能较好地收集信息、解决问题，分析和总结比较到位	有较强的团队合作意识，交流沟通和分享能力较好	良好□
内容不全面且组织条理不清晰：简单描述塔康测向、测距导航系统的相关知识	不能全面地收集信息、解决问题，分析和总结的能力还需提升	团队合作意识不够，缺少交流沟通和分享能力	一般□

【拓展学习】

➢ 塔康系统的设备安装（或架设）

1. 机载天线安装（指无方向性天线）

塔康机载天线安装一般要考虑以下几点：

（1）有利于保证天线水平方向图的全向图（最理想时为圆）。

（2）有利于在一般飞行姿态条件下有效地"收/发"信号。

（3）有利于避免飞机上其他天线可能发生的干扰。

（4）有利于缩短和主机之间的连接。

2. 塔康机载设备主机和其他部分安装

1）控制盒和指示器安装

塔康机载设备的控制盒和指示器安装一般都要服从于飞机仪表板的统一安装。

2）设备主机安装

塔康机载设备主机安装要考虑以下因素：

（1）有利于电源供给，有利于缩短和天线之间的连接电缆。

（2）有利于减少设备冲击、振动。

（3）有利于避免和其他设备之间的干扰。

（4）利于通风散热。

（5）有利于检修或换装。

（6）整机地线要和飞机蒙皮保持良好接触（要符合规范标准要求）。

3. 塔康信标（地面信标）安装

塔康系统因为是极坐标体系，为了方便导航，其地面设备通常均安装在机场或机场附近。

1）相对于跑道的地点选择

目前塔康地面信标相对于跑道位置的安装地点大致有两种：一种是在跑道中心线的延长线上，通常在机场附近；另一种是在跑道的一侧。对于不同机场采用哪种合适，要根据实际情况而定。不过，一般选在跑道中心延长线上时（主或次着陆方向）要离开跑道头一定距离；在侧面时要离开跑道中心线一定距离，这些距离的具体确定还要视机场的净空条件和其他因素。

2）场地环境选择（主要指天线架设环境）

信标安装的场地环境选择主要考虑以下因素：

（1）有利于避开（或远离）大面积金属物、建筑物等反射物的影响。

（2）有利于避开或削弱各种干扰。

（3）有利于电源供给及后勤保障。

（4）有利于保证主要导航区域的性能（在不能全面照顾到时，可局部考虑）。

（5）天线架设高度（包括略高于天线的避雷针）。

4. 塔康信标台布设

因为塔康系统是近程点源系统，特别适于飞机出航、归航，为了使用方便，一般机场均需设台。另外，为了扩大覆盖区或保证远区域航线飞行，也需要多点布台。

单纯从覆盖的角度，布台点并不需要很多，然而每个机场设台往往是布台过密的主要因素，这也是布台中要特别注意的一个焦点。

塔康信标布台的注意事项，实际上是实现合理布台要综合考虑的各种因素，这些因素归结起来大致有下述几个方面：

1）战术技术因素

（1）覆盖区要足够大。

（2）有利于导航方便。

（3）有利于减少可能导致的干扰（包括本系统不同设备之间的相互干扰和本设备与非本系统设备之间的相互干扰）。这一方面，特别要注意分配工作频率及大小型信标合理配置。

（4）有利于综合利用。

（5）有利于今后发展、换装。

2）经济因素

考虑经济因素的最主要标准是完成确定战术任务条件下的最小经济代价。一方面，需要考虑确定的覆盖区内的最少设备数；另一方面，还要兼顾到设备数量（台数）一定时（如各机场均设台），如何合理地、经济地布设大、中、小型设备。国外解决这一问题的方法常常是把不同有效作用范围的台用于不同高度层上飞行的飞机，如远距航路，飞机在高空飞行，用大台覆盖；近距航路或终端区，飞机在中或低高度层，用中小台覆盖。

在塔康信标布台中，频率分配是很重要的。因为塔康信标和民用测距应答器使用相同的频段和编码，频率分配包含军用机场附近的民用设备工作波道。一般来说，为了避免同波道或邻波道干扰，在共同覆盖交叠区内，尽量不使用同波道或邻波道。如果不得已而必须使用时，则应使交叠区有用信号相对干扰信号有足够的保护比。

在系统最大传输损耗确定之后，实现上述保护比主要是利用信标台之间的最小允许间距来保证的，如果同波道或相邻波道工作的信标之间距小于这个限度，则就保证不了满意的工作，这种情况可以利用"可靠工作概率"曲线予以描述。

图 3-7 中分别绘出了无干扰、有同波道干扰、有邻波道干扰三种情况的"可靠工作概率"曲线。

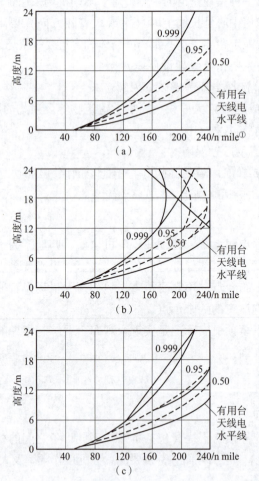

图 3-7 塔康系统可靠工作概率
(a) 无干扰情况；(b) 有同波道干扰情况；(c) 有邻波道干扰情况

---

① 海里，1 n mile = 1 852 m。

图 3-7（a）所示为无干扰情况，由图可见，在系统最大传输损耗确定后，视线以上可靠工作概率是不同的，在同一飞行高度上，距离越远，则可靠工作概率越低；而在同一距离上，飞行高度增高，可靠工作概率增高（这种规律一般指低仰角范围）。图 3-7（b）所示为有同波道干扰情况，两台相离 550 n mile，保护比为 8 dB，可见在干扰台无线电视线以上，可靠工作概率曲线发生着显著变化（左转弯），这就说明，由于干扰台的存在，在相同可靠工作概率下有效距离减少了，或在相同的距离上，可靠工作概率降低了。要想减少干扰，只有加大两台距离或减少干扰台发射功率。图 3-7（c）所示为有邻波道干扰情况，两台相距 250 n mile，保护比为 −30 dB（即干扰强于信号 30 dB），由图可见，邻波道干扰比同波道弱得多，只有在靠近干扰台时才产生较明显的影响。

综上所述，在布台频率分配上，要特别谨慎地安排同波道，注意邻波道，防止它们由于相距过近而产生干扰。

学习单元二　俄制近程导航勒斯伯恩系统

【情境导入】

俄制近程导航勒斯伯恩系统除具有塔康系统的极坐标定位功能外，还有地面监视和进场着陆引导以及空/空相对导航等功能，是一个多功能综合导航系统。

【学习目标】

（1）掌握勒斯伯恩系统的功能和组成；
（2）了解勒斯伯恩系统的工作原理；
（3）分析塔康系统和勒斯伯恩系统两者的异同点；
（4）掌握主动学习的方法，增强独立思考的能力；
（5）具有通过观察、分析、综合、归纳等方法解决实际问题的能力；
（6）具有军用导航系统的基本维护能力；
（7）提高学生的专业认同感；
（8）培育勇于创新、甘于奉献的科学精神。

【知识导航】

1. 勒斯伯恩系统

勒斯伯恩（PCEH）系统是苏联 20 世纪 50 年代研制成功的专门用于飞机导航定位、地面监视、进近着陆引导、具有空/空导航功能的多功能近程导航系统。

2. 系统功能

PCEH 系统和 TACAN 系统虽然同属于飞机近程无线电导航系统，但它们在功能上有很大区别，该系统和塔康系统相比属于一个多功能综合系统。就地、空工作方式来说，该系统具有以下三大功能。

1）极坐标定位功能

它类似塔康正常工作模式的极坐标定位功能。在这种工作方式下，飞机利用已知地面台主动进行测距、测位和台识别，实现极坐标定位，这一战术功能和塔康完全相同。

2）地面监视功能

它类似于地面监视二次雷达，可以在地面通过平面位置显示器（PPI）显示飞机相对台站的位置，并可识别飞机。这一地面监视功能可以清楚地了解飞机在空中的位置，对于指挥飞机和了解动向是非常有用的，也是塔康系统所不具备的。

3）飞机进近着陆引导功能

PCEH 系统的地面台包括飞机精密进近着陆引导用的航向信标、下滑信标和着陆测距应答信标三种设备，为待着陆飞机的机载设备提供精密进近着陆引导的三种基本信息：航向角、下滑角、距离，引导飞机着陆。

PCEH 系统的空/空导航功能和塔康类似，可提供飞机之间在空中的相对位置，以便于空中集结，编队飞行用。

3. 系统组成

1）极坐标定位功能地面台站组合

（1）全向信标。

它在同一载频信道上发射两类信号：一类是由脉冲发射机经过无方向性天线发射"35""36"基准编码信号；另一类是由连续波发射机经旋转的水平连体窄波束方向性天线发射的方位可变信号。这两类信号构成全向信标发射的方位信号，供机载设备测位用。

（2）测距应答信标。

它是对机载设备发来的测距询问信号进行回答的距离应答设备，采用的信道和全向信标不同。

2）地面监视显示功能台站组合

它是由全向信标连续波发射台、地面监视测距询问发射台、地面监视显示接收机和监视显示器组成的。这一台站组合形成一部对飞机进行监视和识别的二次雷达，在机载设备的配合下，实现地面监视功能。

3）飞机精密进近着陆引导功能台站组合

（1）航向信标。

它类似于国际民航标准的仪表着陆系统 ILS 航向信标的作用，是一个精密进近着陆引导系统的航向信号发射台，但是它采用的工作频段和信号体制与 ILS 的航向台不同。

（2）下滑信标。

它的作用也类似于 ILS 的下滑信标，是一个下滑信号发射台，它的工作频段和信号体制也与 ILS 的下滑台不同。

4）地面台站的配套辅助设备

PCEH 系统的地面台站组合和其他他备式地面台站类似，为了保证其工作可靠性和使用方面的方便，除上面介绍的基本台站组合设备之外，还有与其相配套的辅助设施，如各不同台站的外置监测设备、地面监视功能的外置监视显示器以及设备的自检测装置等。

5）PCEH 系统机载设备

PCEH 系统机载设备是一部极坐标定位功能机载设备和地面监视显示功能机载应答器及飞机精密进近着陆引导系统机载设备三合一综合体。

6）PCEH 系统地面信标组合模拟器

PCEH 系统的机载设备是一个多功能的组合机载设备，为了检验该机载设备的主要技术性能，需要有一个功能齐全的专用信号源和测量设备，它具有与塔康模拟器相类似的作用，用于检验和校准 PCEH 系统机载设备。

4. 系统原理

1）极坐标定位原理

PCEH 系统导航状态的极坐标定位原理和塔康系统正常工作模式极坐标定位原理一样，通过机载设备的测距、测位功能分别获得一个圆位置线和一条直线位置线。和塔康所不同的是直线位置线是通过直接测得的飞机的磁方位角而得到的，所以它们的交点直接确定了飞机相对信标台的位置，如图 3-8 所示。

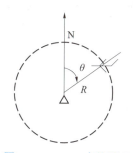

图 3-8　PCEH 定位原理

PCEH 系统的测距原理也和塔康一样，由机载设备发出询问，地面应答器进行应答，再由机上测得距离。

PCEH 系统的测位原理虽然也是采用全向信标原理，但因为信号格式差异而与塔康测位原理有所区别。

图 3-9 所示为 PCEH 系统方位信标原理示意图。

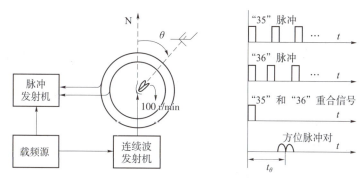

图 3-9　PCEH 系统方位信标原理示意图

图 3-9 中方位信号发射机有两部，一部是方位基准信号发射机，它发射"35""36"脉冲编码信号，通过无方向性天线辐射脉冲信号；另一部是连续波发射机，通过在水平面内具有强方向性的抛物面天线发射信号，该天线的方向性波束是连体双波束，以 100 r/min 转速

匀速旋转，在它周围任何点接收该天线辐射的信号，均为一对连体双钟形射频脉冲。这两部发射机都工作在同一个载频上。根据方位信号格式的三条规定，机载设备只要接收到两部方位发射机发射的方位信号，通过译码和信号处理可以得到"35""36"重合输出信号脉冲，该脉冲至双钟形脉冲中界线的时间 t_θ 便和飞机的磁方位角有关，由此便可求的飞机的磁方位角 θ 值。

$$\theta = \frac{t_\theta}{T_合} \times 360° \tag{3-5}$$

式中，$T_合$ 为"35""36"信号的重合周期或天线方向图旋转周期。

2）地面监视显示及飞机识别原理

在地面监视显示功能的信号格式介绍中已经提到有三类信号，一类是测距用的询问和应答信号，均采用三脉冲编码；另一类是平面位置显示器用的同步信号，作为角度标度线和测距扫描启动信号同步用；第三类是方位扫描天线的辐射信号，这些信号的相互关系及特点系统做了严格的规定，形成了一部简易地面监视二次雷达的信号体系。和专用二次雷达相比，除了平面位置显示器以外，其硬设备基本上是与导航功能的测位和测距设备兼容的，或者说监视功能是在导航定位设备上巧妙扩展出来的。这一点可以从图 3-10 中清楚看出。

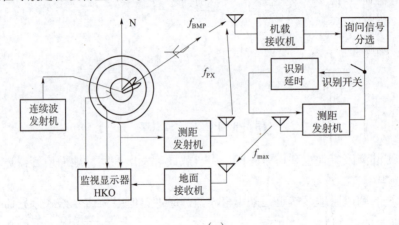

（a）

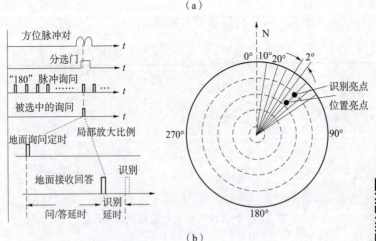

（b）

图 3-10 地面监视显示原理

（a）原理框图；（b）信号与显示示意图

勒斯波恩系统

从图 3-10 中可以看出，虽然地面测距询问信号每秒钟询问 300 次，且通过全向天线向空中辐射，在其系统工作区有效作用范围内的所有飞机均能收到这些询问信号，但是回答却是有选择的，只有询问信号和双钟形信号重合时，机载设备才能对该次询问做出回答。这种信号重合的条件就是方向性天线的波束恰好对准了该飞机（即该天线波束对准的飞机才能回答）。

5. 系统的战术指标

1）极坐标定位和地面监视显示部分

（1）系统工作区。

按照塔康系统相类似的办法来定义 PCEH 系统工作区，其结果也和塔康系统工作区相类似，其信号也存在"死区"（阴影区）或顶空盲区。不过 PCEH 系统的顶空盲区比塔康系统要小一些，一般顶空盲区锥角为 90°左右或更小一些。除了"死区"和顶空盲区之外的空间均为系统工作区，PCEH 系统的距离表头上限一般为 500 km。

（2）系统交通容量。

PCEH 系统定位功能的交通容量其定义也与塔康系统相似，对于测距功能有容量限制，对于测位功能无容量限制，作为极坐标定位必须测距、测位同时工作，所以系统有交通容量限制，其设计值为 100，即一个地面台站组同时只能供 100 架左右的飞机进行定位。

（3）系统精度。

① 极坐标定位部分。

测角精度：优于±0.25°。

测距精度：优于 200 m（±0.04%所测距离）。

② 地面监视显示部分。

测角精度：±1°。

距离精度：作用距离在 100 km 范围内，优于±3 km；作用距离在 400 km 时，优于±6 km，这主要是由屏幕上距离标尺分度和观察读出误差所决定的。

（4）系统工作距离。

PCEH 系统在其系统工作区内的作用距离与飞机的飞行高度有关，当然也与系统最大传输损耗有关。当地面台站天线架设高度一定，系统最大传输损耗足够时，该系统的作用距离主要取决于飞行高度。系统规定，当飞行高度为 35 km 时，作用距离为 500 km 左右。

2）飞机精密进近着陆引导部分

（1）作用距离。

在正常进入着陆引导时，作用距离为 45 km 左右。

（2）航向信标信号覆盖区。

相对跑道中心线±15°扇区，仰角为 0.85°～7°。

（3）下滑信标信号覆盖区。

相对跑道平面之上 0.5°～15°。

（4）引导能力。

相当于 ILS 的Ⅰ、Ⅱ类着陆标准。

【学习研讨】

背景描述	PCEH 系统和 TACAN 系统虽然同属于飞机近程无线电导航系统，但它们在功能上有很大区别
讨论主题	分析塔康系统和勒斯伯恩系统两者的异同点
成果展示	小组讨论，以文字、语言描述或数字化方式展示讨论成果。 简要列出汇报大纲：
任务反思	1. 学到的知识点有哪些？ 2. 你对自己在本次任务中的表现是否满意？写出课后反思。

【学习评价】

专业知识	能力提升	职业素养	评价结果
内容全面且组织有条理；准确描述俄制近程导航勒斯伯恩系统的相关知识	能采取多种方式收集信息、解决问题，进行分析和总结	有很好的团队合作意识，积极交流沟通与分享	优秀□
内容比较全面且组织比较有条理；较为准确描述俄制近程导航勒斯伯恩系统的相关知识	能较好地收集信息、解决问题，分析和总结比较到位	有较强的团队合作意识，交流沟通和分享能力较好	良好□
内容不全面且组织条理不清晰；简单描述俄制近程导航勒斯伯恩系统的相关知识	不能全面地收集信息、解决问题，分析和总结的能力还需提升	团队合作意识不够，缺少交流沟通和分享能力	一般□

【拓展学习】

> 勒斯伯恩的精密进近着陆引导功能

工作在"精密进近着陆引导"状态时,属于地面设备的组成有:航向信标台,它用 108.30 MHz、108.70 MHz、109.10 MHz、109.50 MHz、109.90 MHz、110.30 MHz 频率中的一个频率工作;下滑信标台,它用 332.60 MHz、333.80 MHz、335.00 MHz 三个频率当中的一个频率进行工作,工作频率对照如表 3-1 所示。

表 3-1 在"精密进近着陆引导"状态时航向下滑信标频率对照

航向信标的工作频率/MHz	下滑信标的工作频率/MHz
108.30	332.60
108.70	332.60
109.10	333.80
109.50	333.80
109.90	335.00
110.30	335.00

1. 航向信标

航向信标工作在"精密进近着陆引导"状态时,航向信标采用载频的振幅-相位调制原理,即航向信标台发射的信号用频率为 60 Hz 的可变相位信号进行调制。除此以外,载波信号还被频率为 10 kHz 的副载波信号调幅,而该副载波信号又被频率为 60 Hz 的副载波信号调幅,副载波信号又被频率为 60 Hz 的基准相位信号调频,基准相位信号的振幅和相位是恒定的。以跑道的轴线方向作为 0°方向,当飞机航向与跑道轴线方向一致时,载频信号的调制系数为零;若飞机偏离 0°方向,则调制系数增大,并且飞机的航向相对于 0°方向向左偏离和向右偏离时调制系数呈现正增大和负增大,即对应不同的号。这样,调制信号的包络振幅与偏离跑道轴线的延长线的数值就成正比,但航向信标的信号里没有识别信号。

2. 下滑信标

设备工作在"精密进近着陆引导"状态时,下滑无线电信标方向图的上波瓣用 150 Hz 频率调制,方向图的下波瓣用 90 Hz 频率调制。当设备接收下滑无线电信标信号时,要解决的任务与 ILS 状态所要解决的任务是相同的,导航着陆装置输出的信息也与 ILS 状态时一样。

3. 指点信标

系统里采用两个指点信标台:中台和远台。两个指点信标台的调制频率均为 3 000 Hz,为了识别不同的信标台,其载波采用键控,载波频率的键控和 ILS 状态相同。工作在"精密进近着陆引导"状态,指点信标接收机所要完成的任务与要输出的信号与 ILS 状态相同。只是由于两个指点信标台的调制频率相同,所以指点信标接收机将 27 V 电压信号加到相同的指示灯上。

模块四

测距系统

航空航天系统是现代社会中不可或缺的一部分，为了保证其正常运行与安全性，无线电导航技术显得尤为重要。无线电测距技术是测距系统、导航系统、定位系统和无线通信系统的关键技术之一，在航空导航领域有着非常重要的作用。常用的测距方法有无线电波测距、红外测距、激光测距、雷达测距等。针对国际民航组织的标准和要求，全球范围内实施了类似的民用航空无线电导航监测系统，经过多年的发展，这些系统已经逐步过渡到数字化和自动化的阶段，高科技技术集成化的趋势明显。

你知道飞机上都有哪些无线电测距设备吗？让我们一起走进航空无线电测距系统，探索它的发展之路。

学习单元一　低空高度表系统

【情境导入】

在飞机上，高度表是非常重要的设备之一。它可以帮助飞行员了解飞机的高度，以便进行安全的飞行。不同种类的高度表有不同的功用和用途。其中，低空高度表是一种使用无线电技术来测量飞机高度的高度表，如图 4-1 所示。它可以通过向地面发射无线电波信号来确定飞机的高度，这种高度表通常用于低空飞行。

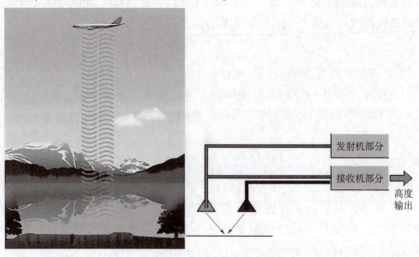

图 4-1　低空高度表

【学习目标】

(1) 掌握低空高度表系统的作用和组成；
(2) 掌握低空高度表系统的工作原理和使用要求；
(3) 具有进行低空高度表系统组成部件的拆装能力；
(4) 具有根据学习目标，进行系统工作分析的能力；
(5) 具有分析问题、解决问题的能力；
(6) 具有脚踏实地、艰苦奋斗的工匠精神；
(7) 具有坚定的理想信念、强烈的航空报国情怀。

【知识导航】

1. 低空高度表系统

低空无线电高度表（简称高度表），是一种可以安装在各型飞机上的无线电测高设备。飞机在低高度内（0~2 500 ft①）飞行时，它能随时向飞行员提供飞机至地面（水面）的真实高度。飞机在看不清地面情况的复杂气象条件下飞行时，高度表与无线电罗盘和信标接收机等有关设备组成仪表着陆系统，使飞行员安全地进行仪表着陆。由此可见，高度表对于飞行安全和作战训练任务的完成具有重要作用。

高度表高度的测量作为一种无源反射式测距，反射对象为地面（水面），测距有三种方法：相位测距、频率测距、脉冲测距。由于相位测距存在准确性和作用距离的矛盾，高度的测量一般采用频率测距和脉冲测距两种方法。

2. 系统功用

无线电高度表是利用无线电波测量飞机到地面的真实高度（垂直高度）的一种自主式无线电导航设备。其高度的测量范围为 0~2 500 ft，还可作为气压高度表的校准仪表。

无线电高度表除向驾驶员提供视觉显示外，还可将其无线电高度数据送至飞机的其他系统（如近地告警系统、自动油门计算机、飞行控制计算以及飞机避撞系统等），作为计算参数；同时，可与其他系统配合引导飞机自动着陆。

3. 系统组成

飞机上通常装有两套（或三套）无线电高度表系统，每套系统均由收发组、接收天线和发射天线以及指示器组成。收发组工作在 C 波段的同一频率上，产生发射信号和接收反射信号，并计算出无线电高度。接收和发射天线为喇叭口天线或 W 形天线，其电气性能和结构完全相同，安装在机身下部，具有很强的方向性。指示器有不同型号：有专用的无线电高度和决断高度指示器；也可在 ADI 上由跑道符号指示 200 ft 以下高度；在电子姿态指引仪（EADI）或主飞行显示器（PFD）上可显示数字无线电高度和决断高度（DH）。典型的无线电高度表的组成如图 4-2 所示。

---

① 英尺，1 ft = 304.8 mm。

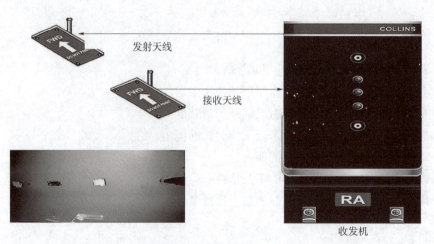

图 4-2　无线电高度表的组成

4. 系统原理

无线电高度表属于无线电测距系统。这种系统是利用无线电信号的某一参数，如频率差、相位差或时间等，与导航坐标-距离构成一定关系的一种导航设备。

由于电波在空间传播的等速性，即速度或电波传播一定距离所需要的时间与电波频率无关，这样就可使传播的信号只在时间上滞后，但波形不失真。为此，可判断电波在空间传播的时间。已知电波传播的速度和时间，则可测出距离，即 $H=ct/2$，式中，H 为距离或高度；c 为电波传播速度；t 为电波传播的时间。

对无线电高度表而言，其系统的基本原理框图如图 4-3 所示。

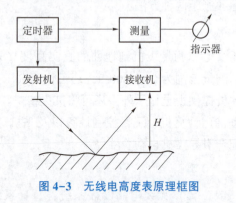

图 4-3　无线电高度表原理框图

LRRA 系统

无线电高度表的发射机向地面发射无线电信号，以大地为反射目标，大地反射回波由接收机接收，发射机在向地面发射信号的同时，也向接收机发射一直达信号。反射回波信号与直达信号比较可测得电波往返于飞机和地面之间距离所用的时间 $t=2H/c$，故可由高度表的测量电路计算出飞机的无线电高度 $H=ct/2$。

5. 高度表的指示

无线电高度表指示器有各种不同类型，如专用的机械模拟式高度表指示器，在姿态指引仪（ADI）、电子姿态指引仪（EADI）或主飞行显示器（PFD）上也可显示无线电高度和决断高度。

1）指示与警告

（1）高度：机械指示器用指针在刻度盘上指示，刻度盘高度 0~480 ft 为线性刻度，480~2 500 ft 为对数刻度；ADI 指示器用跑道升起符号指示 0~200 ft 高度；EADI 和 PFD 指示数字高度。

（2）决断高度（DH）：决定飞机着陆或复飞的最低高度，由驾驶员人工调整和选择，由决断高度调钮和游标指针或其他指示器显示数字。如飞机下降其高度接近或低于决断高度时，DH 灯亮且出现音响；当飞机重新爬升到（DH+75）ft 时，自动解除 DH 警告，或按下"人工复位"按钮亦可。

（3）警告旗：当高度表故障时，机械指示器的条形警告旗出现，指针消失，电子指示器（EADI）显示的 DH 数字的颜色改变（如绿变白）。

2）测试

按下"人工自测试"按钮时，指示器指示或显示在规定的高度上（如 30 ft），且同时出现警告（如规定高度低于 DH 调定高度，则 DH 灯也亮），说明系统工作正常。

在对高度表进行自测试时，当方式选择板选择进近方式（APP）或航向（LOC），下滑（G/S）截获时，切断自测试；而在进行自测试时，近地警告计算机（GPWC）被抑制。

3）ADI（EADI）的高度指示

当飞机高度下降到 200 ft 以下时，ADI（EADI）指示器上的跑道升起符号开始出现，并随高度下降而上升，直至着陆接地时该跑道符号与指示器飞机符号相接触，以此来模拟飞机与跑道之间 200 ft 以下的距离。EADI 指示器显示的高度及决断高度以数字及符号方式显示在指示器的右上角（或右下角），不同情况显示的颜色不同，如图 4-4 所示。

6. 调频高度表系统

1）系统基本工作原理

调频高度表主要由发射电路、接收电路及计算指示电路等部分组成，其组成框图如图 4-5 所示。

（1）发射电路。

发射电路用以输出一定功率的超高频调频信号，由超高频振荡器、调制器及发射天线等部分组成。其中，调制器用来产生调制信号；超高频振荡器用来产生一定功率的超高频信号，并在调制信号的控制下，实现频率调制。

超高频振荡器产生的超高频调频信号，除经发射天线向地面发射电波之外，还直接输往接收电路。

（2）接收电路。

接收电路由接收天线、平衡检波器及差频电压放大器等部分组成。其中，接收天线用来接收反射信号，平衡检波器用以对输来的直接信号和反射信号进行混频，从而获得差频信号，此差频信号频率的高低反映了反射信号往返时间的长短，从而反映了飞行高度的高低。差频电压放大器则对平衡检波器输出的差频信号进行幅度放大，经放大后，分别输到计算电路。

（3）计算指示电路。

计算指示电路由限幅器、计算器、直流放大器和高度指示器等部分组成。其中，计算器用来将差频信号变为其值与差频频率成正比的直流电压；限幅器用来将输到计算器的差频信

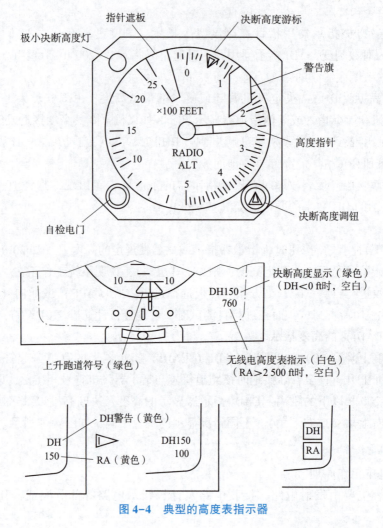

图 4-4 典型的高度表指示器

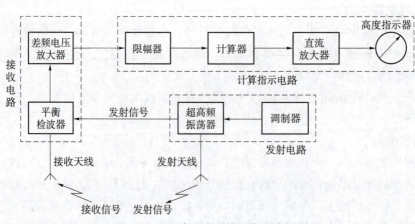

图 4-5 调频高度表系统结构组成框图

号幅度限定在某一固定的水平上,从而使计算器输出的计算电压只取决于差频信号的频率高低,而不受差频信号幅度变化的影响,以保证测高的准确性;直流放大器用来将计算电压进行放大，使之变为与计算电压成正比的直流电流，并将此电流流经高度指示器，便把对应的真实飞行高度指示出来。

2）调频测距方法分析

要进一步理解调频测高的基本原理，还要明确以下两个关系：

第一，飞行高度与电波往返时间的关系。

无线电高度表是利用电波反射的原理测高的。无线电波在空气中的传播速度 $c = 3 \times 10^8 \text{ m/s}$，所以我们只要知道电波的传播时间，就可以求得电波传播的距离，即距离=速度×时间。

根据这个原理，飞机上的高度表向地面发射电波，电波传播到地面后，被地面反射，又以相同的速度传播到飞机上。电波往返所需时间为 Δt，则有下式关系：

$$H = \frac{c}{2} \times \Delta t \tag{4-1}$$

式中，H 为飞机距地面的高度；c 为电波在空气中的传播速度。

根据上述关系，只要测出电波往返时间 Δt，就可以知道飞机的高度了。

第二，差频的产生及其与飞行高度的关系。

电磁波传播的速度是非常快的，在高度表的测高范围内，电磁波的往返时间（Δt）只能以微秒计量。怎样来测量这么短的时间呢？无线电高度表采用调频信号的方式（调频式高度表），把电磁波的往返时间变为差频频率，从而实现测高的目的。

（1）调频信号。

高度表的发射电路产生一个超高频的调频信号，即信号振幅不变，信号频率随调制信号按一定规律变化的超高频信号，其波形如图4-6所示。

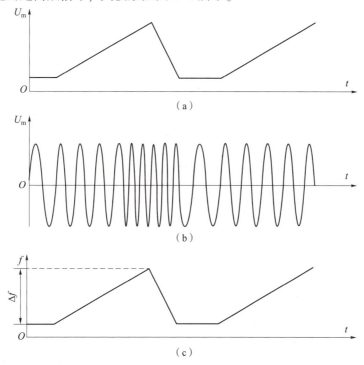

图4-6 调频信号及 f-t 曲线

（a）调制信号；（b）调频的超高频信号；（c）f-t 曲线

调频信号的特点是它的频率随调制信号的大小不断地由高到低，再由低到高重复变化。调频信号的频率 f 随调制信号变化的情况，可以用 $f-t$ 曲线表示，如图 4-6（c）所示。$f-t$ 曲线表示发射电路产生的超高频信号的频率随时间按锯齿规律变化。$f-t$ 曲线又称为调频曲线。调频信号频率的变化范围，即最高频率和最低频率之差，叫作频移，用 Δf 表示。调频信号的频率的平均值称为调频信号的载频（或叫中心频率）。

（2）差频的产生。

无线电高度表发射电路产生的超高频调频信号，一路直接送到接收电路，叫直达信号，另一路向地面辐射，从地面反射回来后，被接收天线接收，也送到接收电路，此信号叫反射信号。反射信号和直达信号具有相同的频率变化规律，但是由于反射信号比直达信号多走了两倍飞行高度的路程，因此它到达接收电路的时间比直达信号落后了 Δt（电磁波的传播时间），从而反射信号的调频曲线比直达信号的调频曲线向右移动了 Δt，如图 4-7 所示。图 4-7 中曲线①为直达信号的调频曲线，曲线②为反射信号的调频曲线。

从图 4-7 中可以看出，在同一时刻到达接收机电路的直达信号和反射信号，其频率是不相等的，两者频率之差就是差频，用 f_σ 表示。

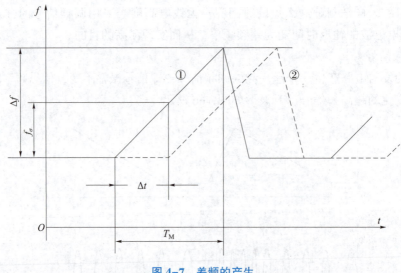

图 4-7　差频的产生

（3）差频和高度的关系。

如果飞行高度不变，电波往返时间 Δt 也不变，差频亦不变。当飞行高度升高时，电波往返时间增长，反射信号到达接收电路时，相对直达信号来说落后的时间 Δt 越长，差频 f_σ 的数值越大；相反，当飞行高度降低时，Δt 减少，差频 f_σ 数值也减少。由此可见，差频的大小反映了飞行高度的高低。

（4）固定差频式高度表的工作原理。

调频式高度表的原理是在发射电路的频移 Δf 和调制工作行程宽度 T_M 固定不变的情况下，通过测出随飞机高度的变化而变化的差频 f_σ 来测量飞机的高度。这种工作方式的高度表测高误差较大（方法误差）。为了减少测高误差，目前采用固定差频的方法。在固定差频式高度表中,差频频率是固定不变的,而调制工作行程宽度 T_M 随飞机高度的变化而变化。

当差频 f_σ 和频移 Δf 固定不变时,调制工作行程宽度 T_M 随高度变化,所以只要测出 T_M 的大小,就可以知道飞机的高度了。采用固定差频式的高度表可以减少测高误差,同时还可以提高高度表的抗干扰性和测高范围。

(5)指示电路。

调频高度表指示电路主要由直流放大器和高度指示器组成,直流放大器用来把计算器输出的直流电压变为相应的直流电流,加到高度指示器上。高度指示器根据流经它的直流电流大小,把相应的真实飞行高度指示出来。

高度指示器电路由调制器、交流放大器、电动-发电机和反馈电位计、调整和发出危险高度信号的装置及其光显示装置、故障信号显示电路和形成"检查无线电高度表"信号的电路、电源等部分组成,如图 4-8 所示。

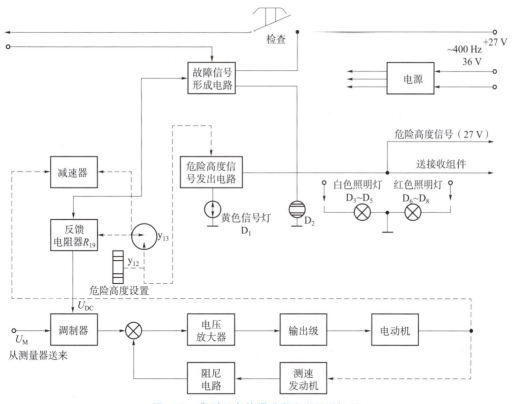

图 4-8　典型固定差频式高度指示器框图

高度指示器的功用是根据输出高度信号电压的大小,由指针指示出飞机的真实高度;并且可以预先设定"危险高度",当飞机下降到设定的"危险高度"时,以 27 V 电压形式给出危险高度信号并以灯光显示;还可以利用高度指示器刻度盘窗口内的故障旗信号器(信号牌)显示高度表有无故障。

【学习研讨】

背景描述	目前，国内外生产无线电高度表的厂家很多，国内的厂家有 232 厂、782 厂等，国外的有美国的 Collins 公司、Bendix 公司，法国的 Thomson 公司等。由于高度表技术发展较快，应用范围不断扩大，因而各种飞行系统也对它提出了不同程度的要求
讨论主题	介绍低空高度表的组成及主要的测高原理
成果展示	小组讨论，以文字、语言描述或数字化方式展示讨论成果。 简要列出汇报大纲：
任务反思	1. 学到的知识点有哪些？ 2. 总结一下，无线电高度表与气压高度表的区别有哪些？

【学习评价】

专业知识	能力提升	职业素养	评价结果
内容全面且组织有条理：准确描述低空高度表系统的相关知识	能采取多种方式收集信息、解决问题，进行分析和总结	有很好的团队合作意识，积极交流沟通与分享	优秀□
内容比较全面且组织比较有条理：较为准确描述低空高度表系统的相关知识	能较好地收集信息、解决问题，分析和总结比较到位	有较强的团队合作意识，交流沟通和分享能力较好	良好□
内容不全面且组织条理不清晰：简单描述低空高度表系统的相关知识	不能全面地收集信息、解决问题，分析和总结的能力还需提升	团队合作意识不够，缺少交流沟通和分享能力	一般□

学习单元二　高空高度表系统

【情境导入】

高空无线电高度表是一种安装在轰运飞机上的无线电测高设备。它能随时向飞行员提供飞机至地面（水面）的真实高度，提供导航、轰炸所需要的高度数据，测高范围为 0~15 000 m。

【学习目标】

（1）掌握高空高度表系统的作用和组成；
（2）掌握高空高度表系统的工作原理和使用要求；
（3）具有进行高空高度表系统组成部件的拆装能力；
（4）具有进行高空高度表系统基本测试的能力；
（5）具有坚定的理想信念、严谨细致的工作态度、踏实认真的机务作风；
（6）培养团队协作精神；
（7）培养学生正确的人生观和价值观。

【知识导航】

1. 高空高度表系统

高度表高度的测量作为一种无源反射式测距，反射对象为地面（水面）。测距有三种方法，即相位测距、频率测距、脉冲测距。由于相位测距存在准确性和作用距离的矛盾，高度的测量一般采用频率测距和脉冲测距两种方法。

2. 调频高度表系统

高空高度表频率测距和低空高度表一样，一般采用固定差频的方法，典型的方法为恒定差拍频率体制。

1）基本测距原理

如图 4-9 所示，高空无线电高度表的调频发射机实际上是一个压控振荡器，它受调制锯齿波调制。发射信号和回波信号传输如图 4-10 所示。

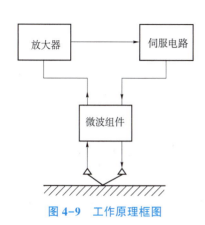

图 4-9　工作原理框图

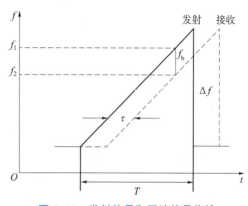

图 4-10　发射信号和回波信号传输

从地面反射回来的回波信号在时间上比发射信号延迟 τ，$\tau = 2H/c$，H 为飞机飞行高度。从图 4-10 中可求得差拍信号 $f_b(t)$：

$$f_b(t) = f(t) - f(t-\tau) = \tau \frac{df}{dt} \tag{4-2}$$

如果调频为线性调频时：

$$f_b(t) = \tau \frac{\Delta f}{T} = \frac{2H}{c} \times \frac{\Delta f}{T} \tag{4-3}$$

当高度增加时，f_b 随之增加，只要测量出 f_b 的增加量，然后转变成电压值去控制调制锯齿波的调制周期 T，使 T 相应增大，使 f_b 减少，从而维持 f_b 恒定，这就是恒定差拍频率体制基本原理。

f_b 只要保持恒定，式（4-3）可改写成

$$T = \frac{2}{c} \times \frac{\Delta f}{f_b} \times H \tag{4-4}$$

当在某些情况下，f_b 的频率超过频率鉴频器的鉴频范围，跟踪 f_b 恒定的闭合环路无法正常工作，这时整机从跟踪状态转变成搜索状态。搜索状态时，跟踪回路断开，而锯齿波发生器的控制端与搜索信号相接，搜索信号使锯齿波的周期从小到大连续重复变化（模拟飞机高度从低向高变化），当锯齿波周期变化到某一数值时，差拍信号频率值也变为在频率鉴频器的鉴频范围内，此时，跟踪回路接通，整机就可转成跟踪状态，跟踪飞机高度的变化。

2）高度显示电路

高空无线电高度表显示器是无线电高度表的终端设备。设有预置高度警告、亮度调节、自检开关和电源开关等装置，同时具有高度显示、警告显示、故障旗显示和警告高度显示的功能。

显示器原理框图如图 4-11 所示。显示器是数字式的，通过 RS-485 串行通信总线与收发机通信。显示器通过 RS-485 总线接收收发机接口板发送的数据。微处理器利用串口中断来响应，经判断数据类型后去执行各相应子程序，包括显示数据线上的高度数程序、显示旗故障程序、显示警告程序（同时发出方波信号，放大后驱动耳机）。微处理器同时完成预定警告高度的设置、发光二极管显示亮度控制等功能。

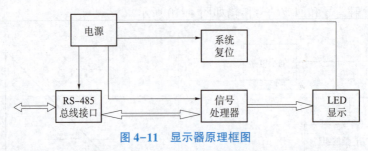

图 4-11 显示器原理框图

3. 脉冲高度表系统

1）脉冲测高原理

脉冲无线电高度表是根据脉冲的反射原理，通过测量反射脉冲与直达脉冲的时间差，来测量飞机飞行高度的。

(1) 飞行高度和时间差的关系。

高度表工作时,发射机以一定的重复频率不断地向地面发射超高频脉冲信号,此脉冲信号传播到地面后,被反射回来由接收天线接收,如图 4-12 所示。接收机接收的超高频脉冲信号有两种:接收由地面反射回来的脉冲为反射脉冲;通过收发机之间的杂散耦合,直接被接收的脉冲为直达脉冲。直达脉冲到达接收机所需的时间极短,可以忽略,即发射机发射脉冲信号时,接收机就立即收到直达脉冲。而反射脉冲到达接收机所需的时间与飞行高度有关,飞行高度越高,所需的时间也越长。

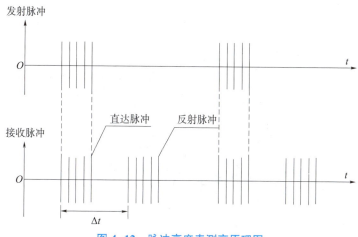

图 4-12 脉冲高度表测高原理图

反射脉冲与直达脉冲的时间间隔设为 Δt,反射脉冲经过的路程应为飞行高度的 2 倍,所以应有以下关系式:

$$2 \times H = c \Delta t \tag{4-5}$$

式中,c 为电波在空气中传播的速度,近似等于 3×10^8 m/s。

由于时间 Δt 是以微秒为单位计算的,因此 c 可换算成 300 m/μs,则式(4-5)可变为

$$H = \frac{c}{2} \Delta t \, (\text{m}) \tag{4-6}$$

式(4-6)就是飞行高度与反射脉冲滞后直达脉冲的时间 Δt 之间的关系式。例如,Δt 为 1 μs,则 $H = 150 \times \Delta t = 150 \times 1 = 150$(m)。这说明了反射脉冲比直达脉冲滞后 1 μs 到达接收机时,飞机的飞行高度为 150 m。

由此可知,只要能测出时间差 Δt,则根据式(4-6)就可以计算出飞行高度(H)。

(2) 如何把飞行高度反映出来。

脉冲高空高度表高度指示典型应用是利用圆扫描显示器来测量反射脉冲与直达脉冲的时间差 Δt 的,根据式(4-6)再把时间换算成高度,并刻在指示器刻度盘上,就可以从指示器上直接读出飞行高度。

加在指示器上的两个扫描电压,如果它们的频率一样、振幅相等、相位相差 90°,则指示器上的图形就是一个圆。而且电子束扫描一圈的时间就等于扫描电压的一个周期,这样扫描圆上的每一点都与一定的时间相对应,如果扫描线从刻度盘零点开始扫描,那么扫描圆上某一点到刻度盘零点之间的圆弧越长,时间差 Δt 就越大。当把直达脉冲和反射脉冲都加到

指示器上时,两个脉冲就会在扫描圆的不同位置上出现,它们之间的圆弧越长,时间差就越大,说明飞行高度越高。

为了便于读数,在使用中将扫描圆的大小调到和刻度盘圆重合,而把直达脉冲的前沿调到和刻度盘圆的零标线相重合,则反射脉冲前沿所对应的刻度就是飞机的飞行高度。例如,在低量程时,扫描周期为 6.67 μs,如直达脉冲出现在零点,反射脉冲出现在扫描圆的 1/2 处,则时间差为 3.335 μs,如图 4-13 所示。飞行高度从刻度盘上直接读出,为 500 m。

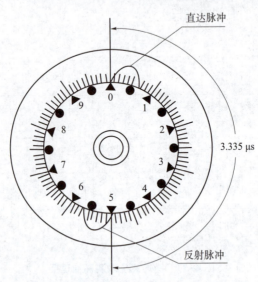

图 4-13 典型的脉冲高空高度表指示器示意图

在低量程电子束扫描一圈对应的高度为 1 000 m。如果电子束扫描一周的时间越长,扫描一周对应的高度就越高。为了增大测高范围,高度表在高量程将扫描电压的周期即电子束扫描一圈的时间扩大了 10 倍,测高范围便可以扩大 10 倍,在高量程,扫描电压的周期为 66.7 μs,扫描一圈对应的高度为 10 000 m。

高度表高量程的最大测高范围为 17 000 m,那么超过 10 000 m 后反射脉冲要在电子束扫描一圈后才出现。例如,飞行高度 12 000 m,则反射脉冲出现在 2 000 m 位置,但由于 12 000 m 与 2 000 m 差别很大,所以不会产生误读。

2) 实现方法

脉冲高空高度表主要由发射机、接收机和指示器三部分组成。其组成框图如图 4-14 所示。

(1) 发射机。

发射机由定时振荡器、前置调制器和超高频振荡器等组成。定时振荡器根据测高范围的要求,产生 149.895 kHz 的正弦电压,此电压有两个作用:

① 控制发射脉冲的重复频率。

定时振荡器产生的正弦电压,经过前置调制器、调制器的作用,变成宽度为 0.5 μs 的正脉冲电压,该电压作为超高频振荡器的阳压,超高频振荡器产生持续时间为 0.5 μs、频率为 440 MHz 的超高频振荡,从而使天线不断地发射超高频脉冲信号。定时振荡器每振荡一周,超高频振荡器就输出一个超高频脉冲。因此,超高频脉冲信号的重复频率和定时振荡器

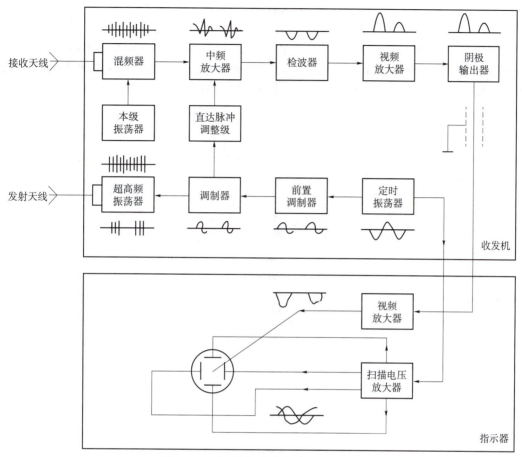

图 4-14　脉冲高空高度表系统组成框图

的工作频率是相同的。

② 控制圆扫描的周期。

定时振荡器产生的正弦电压还加到扫描电压放大器，经放大后输出两个振幅相等、相位相差 90°的扫描电压。因此，圆扫描的周期（即扫描电压的周期）和定时振荡器的工作周期相同。

从上可见，在定时振荡器的正弦电压控制下，超高频振荡器和扫描电压放大器协调工作，即定时振荡器每振荡一周，超高频振荡器输出一个超高频脉冲信号，扫描电压放大器输出的扫描电压变化一周，产生一个扫描圆。

（2）接收机。

接收机由本级振荡器、混频器、中频放大器、检波器、视频放大器、阴极输出器和直达脉冲调整级等组成。

接收机接收的超高频脉冲信号——直达脉冲和反射脉冲，分别和本级振荡器产生的 410 MHz 信号进行混频，混频后输出 30 MHz 的中频脉冲信号，经中放及检波后的宽度为 0.5 μs 的视频脉冲，送给视频放大器放大，最后由阴极输出器输出给指示器部分。

调制器输出的正脉冲电压，除作为超高频振荡器的电压外，还经过直达脉冲调整级，去控制中放级的放大量，从而达到减少直达脉冲幅度和宽度的目的。

（3）指示器。

指示器电路由视频放大器、扫描电压放大器和示波管等组成。

由定时振荡器出来的正弦电压，经扫描电压放大器放大后，输出两个振幅相等、相位相差 90°的扫描电压，分别加到示波管的水平和垂直偏转线圈，荧光屏上出现圆环扫描线。

高空高度表安装的示波管比一般的示波管多了一个中心电极。中心电极的电位高于两极电位，它吸引两极发射的电子束，在中心电极和扫描电压的共同作用下，电子束做圆周运动。

接收机输出的正极性视频脉冲电压，经过放大器放大后，变为一个负极性的视频脉冲电压，该电压加到示波管的中心电极时，使两极的电位降低，电子束受到的吸引力变小，扫描线便脱离原来的轨道而向外，当视频脉冲电压消失后，中心电极对电子束的吸引力恢复正常，电子束又继续在原来的轨道上扫描。这样，每当接收机输出一个视频脉冲，扫描线上便在相应的位置出现一个向外凸起的脉冲，直接指示出飞行高度。

【学习研讨】

背景描述	从民机适航角度上考虑有 TSO-C87A，FAA 没有根据 TSO-C87A 批准新型无线电高度表。性能标准 DO-155（美国）、ED-30（欧洲），新的 TSO 采用的是欧洲标准，即 ED-30。国内军用采用 GJB 2273，国内民用采用 GB/T 11469
讨论主题	介绍高空高度表的组成及主要的测高原理
成果展示	小组讨论，以文字、语言描述或数字化方式展示讨论成果。 简要列出汇报大纲：
任务反思	1. 学到的知识点有哪些？ 2. 总结一下，高空高度表与低空高度表的区别有哪些？

【学习评价】

专业知识	能力提升	职业素养	评价结果
内容全面且组织有条理：准确描述高空高度表系统的相关知识	能采取多种方式收集信息、解决问题，进行分析和总结	有很好的团队合作意识，积极交流沟通与分享	优秀□
内容比较全面且组织比较有条理：较为准确描述高空高度表系统的相关知识	能较好地收集信息、解决问题，分析和总结比较到位	有较强的团队合作意识，交流沟通和分享能力较好	良好□
内容不全面且组织条理不清晰：简单描述高空高度表系统的相关知识	不能全面地收集信息、解决问题，分析和总结的能力还需提升	团队合作意识不够，缺少交流沟通和分享能力	一般□

学习单元三 测距机系统（DME）

【情境导入】

航班 8633 即将飞越下一站导航台，与塔台通话过程中需要报告给管制员飞机距离目标导航台的距离。思考一下，飞机上的什么设备可以帮助飞行员得到此距离数据呢？

测距机系统属于导航测距系统的机载部分，用来连续测量飞机与导航台之间的斜线距离，其测距的基本方法是：测距机向地面导航台发射无线电询问信号，地面导航信标台接收后，发射无线电回答信号。测距机接收回答信号后，计算询问信号与回答信号之间的时间差，从而测出飞机与地面导航信标台之间的斜线距离。由此可见，测距机系统属于有源式测距，即需要地面导航信标（或塔康）台配合工作，如图 4-15 所示。

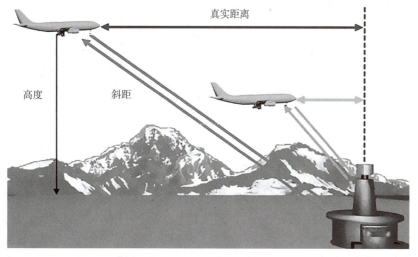

图 4-15 测距机系统

【学习目标】

(1) 掌握测距机系统的作用和组成；
(2) 掌握测距机系统的工作原理和使用要求；
(3) 具有进行测距机系统组成部件的拆装能力；
(4) 具有根据学习目标，进行系统工作分析的能力；
(5) 具有团队协作精神；
(6) 具有脚踏实地、艰苦奋斗的工匠精神；
(7) 形成正确的人生观和价值观。

【知识导航】

1. 测距机系统（DME）

DME系统是通过机载测距机与地面测距台的询问、应答通信来测量飞机到地面测距信标台之间的斜距，该斜距可近似看作飞机到地面台的水平距离。因为两者的误差与飞机到地面台的距离及飞机的高度有关，当飞机到地面台的距离较远（如35 n mile以上）且在巡航高度上飞行或飞机在进近着陆过程中，所测得的斜距与水平距离的误差通常为1%左右。

DME系统与VOR系统相结合（通常两系统的地面信标都装在一起）可为飞机提供$p-\theta$定位及区域导航引导；同时，也可以利用飞机到两个或三个地面测距信标所测得的距离，为飞机提供或$p-p-p$定位等。

此外，DME系统还可与其他系统配合，如VOR系统，实现对飞机的进近引导等。

2. 系统原理

DME系统是由机载测距机（询问器）与地面测距台所组成的，如图4-16所示。

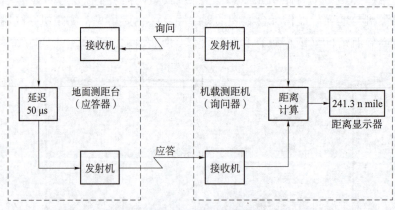

图4-16 DME系统

机载测距机通过无方向性天线向空间（实际朝向地面方向）发射射频脉冲对信号，即"询问"信号；地面测距台接收到这一"询问"信号后，经过50 μs的延迟，触发发射机产生相应的"应答"射频脉冲对信号向空间辐射，机载测距机接收到这一应答脉冲对信号后，其计算电路根据询问脉冲对信号与应答脉冲对信号之间的延迟时间计算出飞机到地面测距台之间的视线距离（斜距）R。

DME 测距系统工作框图如图 4-17 所示，在工作频道选定后，控制盒输出相应的频率码。此频率码加到频率合成器，频率合成器就产生相应频率的正弦等幅射频信号，加到功率放大器进行功率放大。还有一部分信号加到接收机电路，作为本振信号。功率放大器是脉冲式的放大器，即当调制器有调制脉冲加来时，功率放大器工作，放大射频信号；当调制器没有调制脉冲输出时，功率放大器不工作，没有射频信号输出。

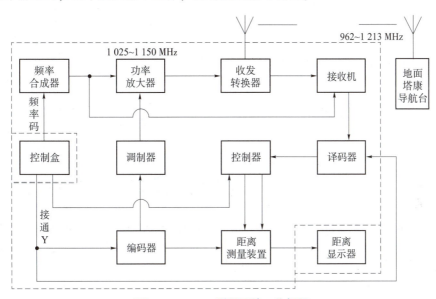

图 4-17　DME 测距系统工作框图

编码器用来产生调制器的触发脉冲（双脉冲），双脉冲的时间间隔由控制盒输出的"接通 Y"信号控制，当测距机工作在 X 波道时，双脉冲的时间间隔为 12 μs。当测距机工作在 Y 波道时，双脉冲的时间间隔为 36 μs，且 X 波道与 Y 波道的射频频率相同。双脉冲加到调制器进行放大，放大后的调制脉冲加到功率放大器，使功率放大器输出大功率射频询问脉冲，询问脉冲经收发转换器加到天线，经天线向空间辐射询问信号。另外，编码器在产生双脉冲的同时还输出同步脉冲给距离测量装置，以表明询问脉冲的发射时刻。

DME 定向过程

天线接收地面导航台的应答信号后，经收发转换器加到询问机的接收机电路，此应答信号也是射频双脉冲信号。应答信号经接收机的选频、变频、中放、检波和视频放大器等电路的处理后，输出视频应答脉冲加到译码器电路。译码后的应答脉冲经控制器加到距离测量装置。

距离测量装置是利用计算标准晶体振荡器在同步脉冲和回答脉冲之间振荡的周期数的方法进行测距。距离越远，所计算的脉冲数越多，反之则越少。距离测量装置根据所计算的脉冲数的多少，输出给距离显示器。

3. 系统使用频率及信号格式

机载测距机的询问频率为 1 025～1 150 MHz，间隔为 1 MHz，共 126 个波道。地面测距信标用比询问频率高或低 63 MHz 的频率（962～1 213 MHz）信号进行应答。

询问与应答信号均为脉冲对信号，按脉冲对的间隔不同将它们分为 X、Y 波道的脉冲对信号，这样共有 252 个工作波道。

X 波道的询问与应答脉冲对的信号格式相同，脉冲对的脉冲间隔均为 12 μs；Y 波道的询问脉冲对的脉冲间隔为 36 μs，而应答脉冲对的脉冲间隔为 30 μs。X 波道与 Y 波道的脉冲宽度均为 3.5 μs，如图 4-18 所示。

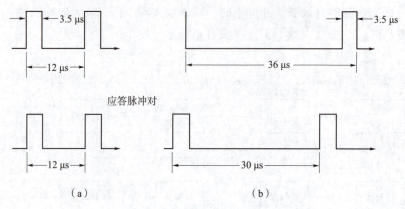

图 4-18 X、Y 波道脉冲对信号格式
(a) X 波道信号格式；(b) Y 波道信号格式

X、Y 波道的询问频率与应答频率的对应关系如图 4-19 所示。

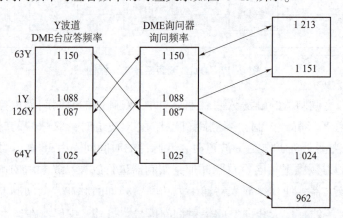

图 4-19 X、Y 波道的询问频率与应答频率的对应关系

在 252 个波道中，只使用 200 个波道，与 VOR、ILS（200 个波道）配对调谐，其中，1X/Y~16X/Y、60X/Y~69X/Y 这 52 个波道不作为 DME 波道使用。

4. 机载测距机组成

机载测距系统是由询问器、天线、显示器和 VHF NAV 控制盒等组成的，如图 4-20 所示。

DME 天线为（L 波段）刀形天线，如图 4-21 所示，用来发射询问信号和接收应答信号。该天线可与机载 ATC 天线完全相同，可以互换。

询问器实际是一个收发机和计数器。发射机产生 1 025~1 150 MHz 的射频脉冲对询问信号，并由接收机接收地面 DME 信标的 962~1 213 MHz 的高频应答脉冲对等信号，计算出飞机到地面 DME 信标的距离，该距离信息可在显示器上显示，同时，送到飞机其他系统使用。接收信号中还包含有地面 DME 信标的 1 350 Hz 的音频识别信号，输出至飞机音频系统。

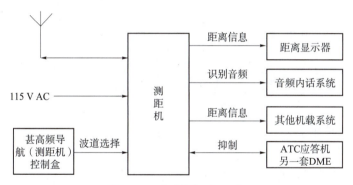

图 4-20　机载测距机组成

显示器通常使用 RDMI 或 EHSI，显示距离信息。

控制盒与 VOR/ILS 共用，当选定 VOR 或 LOC 频率后，机载 DME 的工作频率即同时被配对选择和调谐。

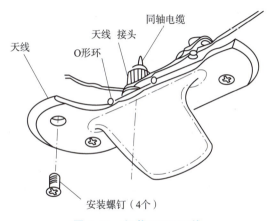

图 4-21　机载 DME 天线

【学习研讨】

背景描述	飞机高度较高且距地面测距台较远时或者飞机着陆较近时，可以认为测得的斜距就等于飞机的地面投影到地面测距台的水平距离。DME 主要用于导航，对飞机定位，计算地速、到达时间等
讨论主题	介绍测距仪 DME 的组成及主要的测距原理
成果展示	小组讨论，以文字、语言描述或数字化方式展示讨论成果。 简要列出汇报大纲：

续表

任务反思	1. 学到的知识点有哪些？	
	2. 总结一下，新型测距机的工作方式有什么特点？	

【学习评价】

专业知识	能力提升	职业素养	评价结果
内容全面且组织有条理：准确描述测距机系统的相关知识	能采取多种方式收集信息、解决问题，进行分析和总结	有很好的团队合作意识，积极交流沟通与分享	优秀□
内容比较全面且组织比较有条理：较为准确描述测距机系统的相关知识	能较好地收集信息、解决问题，分析和总结比较到位	有较强的团队合作意识，交流沟通和分享能力较好	良好□
内容不全面且组织条理不清晰：简单描述测距机系统的相关知识	不能全面地收集信息、解决问题，分析和总结的能力还需提升	团队合作意识不够，缺少交流沟通和分享能力	一般□

【拓展学习】

➢ 新型测距机的工作方式

采用微处理器的新型 DME 机载测距机通常有 4 种工作方式，即"准备""单波道""直接扫描"和"自由扫描"。

"准备"和"单波道"工作方式与普通测距机工作方式相同。所谓"单波道"工作方式，是指人工选择单一工作波道与相应的一个地面测距台配合工作来测量飞机与地面测距台的斜距。

"直接扫描"与"自由扫描"方式统称为"频率扫描"方式。

"直接扫描"方式，即测距机可按照一定的优先顺序，与所选择的 5 个地面测距台配合工作，测出飞机到 5 个地面测距台的斜距。

"自由扫描"方式，即对地面测距台的选择优先顺序是由机载测距机的微处理器控制的，其选择的准则是按飞机距地面测距台的远近和信号的可提供状况。

"频率扫描"的工作方式主要用于对飞机的定位计算，即机载测距机可同时获得飞机到 3 个或 5 个地面测距台的距离信息，并通过 ARINC-429 数据总线输至飞行管理计算机（FMC），按 p-p-p 定位原理，由 FMC 来完成对飞机的定位计算。

模块五
远距导航系统

伴随着现代高速、高空飞机的出现，并且在飞机飞越海洋或在空中交通密度不大的广阔区域飞行时，我们就需要作用距离在 500 km 以上的远距导航系统为其服务。

航空导航中远距导航系统和近距导航系统的区别在哪里？它们定位的方式有何不同？发展的历程又是怎样的？让我们走进远距导航系统之中。

学习单元一　罗兰导航系统

【情境导入】

人类在首次横跨大西洋飞行时，缺少可靠的导航系统支持，完全依靠领航员的计算完成飞行。这个计算包含大气资料、航路天气情况、计算尺、现实飞行中风的因素、飞机航向和地速，以及飞机的性能等综合考量。所以不难想象在当时飞行员是如何磕磕绊绊地到达终点的。现如今我们依靠导航系统的配合就可以完成全球范围内的飞行任务，在导航系统发展历程中，融入了几代人的智慧。

【学习目标】

(1) 掌握罗兰导航系统的作用和组成；
(2) 掌握罗兰导航系统的工作原理和工作方式；
(3) 了解罗兰导航系统的应用领域；
(4) 具有根据学习目标，进行系统工作分析的能力；
(5) 具有查阅资料、解决问题的能力；
(6) 具有不畏艰难的奋斗精神；
(7) 具有坚定的理想信念、强烈的航空报国情怀。

【知识导航】

1. 测距差无线电导航系统

通常将测量无线电波由地面上的两个固定点传播到运动目标（飞机）处的时间差，并根据这一时间差来确定出距离差和目标位置线的系统称为脉冲测距差无线电导航系统。

在地面两个坐标已经确定的点上，设置发射台 A 和 B，这两个发射台同步辐射稳定重复频率的脉冲无线电信号。假定地面发射台同时辐射信号，机上接收指示设备就可以测量出由 A 发射台和 B 发射台辐射的脉冲到达飞机上的瞬时时间差 Δt。这个时间差 Δt 相当于完全确定的由 A 发射台和 B 发射台到飞机的距离差 $\Delta R = c \cdot \Delta t$。如果飞机的运动使所测量的时间差保持不变，则飞机将在空间绘出一条位置线。这时飞机的位置线将是以地面发射台 A 和 B 作为焦点，以所测量的距离差作为实轴的双曲线，如图 5-1 所示。

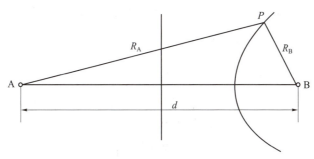

图 5-1 双曲线位置线

由一对地面发射台组成的系统可以确定出一条位置线，为了确定飞机的位置还需要有第二对地面发射台。第二对地面发射台应设置得使第一对地面发射台的位置线与第二对地面发射台的位置线彼此相交，并力求在所服务的区域内有较高的定位精度。确定出两条基线的两条位置线后，飞行员就可得出飞机的位置，如图 5-2 中的 P 点所示。

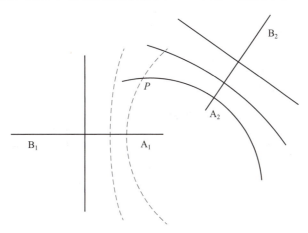

图 5-2 用两条双曲线确定飞机的位置

2. 罗兰导航系统

罗兰导航系统是一种最早付诸实用的双曲线导航系统，罗兰（Loran）是英文 Long Range Navigation 字头合成字的译音，原意是远距离导航。

罗兰导航系统方案在 1940 年由美国提出，于第二次世界大战中 1942 年初正式投入使用。最早的罗兰导航系统是罗兰-A，也称标准罗兰，它的工作频段为 1.60~1.95 MHz，该频段信号在陆地上传播的衰减很快，仅适用于海上工作，其作用距离也仅有 500~700 n mile。

罗兰-C 系统是第二次世界大战末期在罗兰-A 的基础上研制的。当时,军事上需要一种比罗兰-A 覆盖范围更大、定位精度更高,而且可以在陆地上应用的新型导航系统。

我国对罗兰-C 技术的研究工作早在 20 世纪 60 年代初就已开始。随后国家正式确定建立罗兰-C 系统,即"长河二号"工程。"长河二号"工程设计有 3 个台链,分别是南海台链、东海台链和北海台链,共有 6 个地面发射台、3 个系统工作区监测站和 3 个台链控制中心。6 个地面发射台相互链接,构成 3 个台链,其覆盖范围北起日本海,东至西太平洋,南达南沙诸岛,在我国沿海形成了比较完整的罗兰-C 系统覆盖网。

表 5-1 ~ 表 5-3 所示为 3 个"长河二号"台链的配置及系统参数。

表 5-1　北海台链配置及系统参数

台站名称	代号	台址	基线长度/km	备注
主台/控制中心	M/C	山东荣成		双工台
南副台	X	安徽宣城	739	双工台
北副台	Y	吉林和龙	852	
监测站	SMA	山东威海		

表 5-2　东海台链配置及系统参数

台站名称	代号	台址	基线长度/km	备注
主台/控制中心	M/C	安徽宣城		双工台
南副台	X	广东饶平	837	双工台
东副台	Y	山东荣成	739	双工台
监测站	SMA	上海南汇		

表 5-3　南海台链配置及系统参数

台站名称	代号	台址	基线长度/km	备注
主台/控制中心	M/C	广西贺县①		
东副台	X	广东饶平	528	双工台
西副台	Y	广西崇左	486	
监测站	SMA	广东台山		

3. 系统功能

罗兰-C 系统是一种中远程精密无线电导航系统。在无线电导航领域,它属于陆基、低频、脉冲相位导航体制。系统根据时间差确定两导航台到目标的距离差与位置线,分类上它

---

① 贺县:今为贺州市。

属于脉冲无线电测距差系统，主要用于远程导航。它具有下列功能：
(1) 确定运动目标的位置；
(2) 保持飞机按一定轨迹飞行；
(3) 确定飞行导航元素：地速和偏流角。

4. 系统组成

罗兰-C系统的基本组成分为四大部分：地面设施、用户设备、传播媒介和应用方法。其中，地面设施包括形成台链的一组发射台、工作区监测站和台链控制中心。一个台链由若干个发射台组成，对于双曲线定位体制的台链，它至少应包括三个发射台；对于圆定位体制的台链至少应包括两个发射台。台链中有一个发射台称为主台，其余各台称为副台。发射台提供无线电导航信号，工作区监测站和台链控制中心则监视和控制信号，使信号满足系统要求。

用户设备指各种导航接收机，利用它们可以接收来自发射台的导航信号，进而获取它们所需要的各种定位和导航信息。

传播媒介是指无线电导航信号由发射台到用户接收机之间所经过的地球表面和大气条件，包括可能受到的各种自然和人为干扰。使用罗兰-C系统必须考虑传播媒介的影响。

应用方法包括为获取定位信息所采用的几何体制、使用的信号形式以及接收机的信号处理技术等。不同的应用方法可能导致对用户设备提出不同的硬件和软件要求，也会产生不同的导航效果。例如，使用圆定位体制就要求用户接收机具有高质量的时间基准设备；使用天波定位比使用地波定位工作区扩大了，但定位精度却降低了。

系统工作载频为100 kHz，属无线电波的低频段。所有罗兰-C系统的信号载频都相同。导航信号是100 kHz载频调制的脉冲信号，以脉冲组形式发射。脉冲组中的脉冲采用了相位编码，主台脉冲组和副台脉冲组使用不同的编码。不同的台链用不同的脉冲组重复周期来区分，同一台链各台则用相同的脉冲组重复周期。脉冲信号的包络形状是特殊设计的，它能保证信号频谱能量的99%以上集中在90~110 kHz的频带之内，而且还有利于抑制天波干扰。

5. 系统原理

罗兰-C是双曲线无线电导航系统，它的基本工作原理是：在工作区某点接收同一罗兰-C台链两个发射台的信号到达的时间差，利用电波传播速度稳定的原理，时间差可以转换为距离差。具有相同距离差的点的轨迹是以发射台为焦点的一条双曲线，如果能获取两条相交的双曲线，则其交点就是要确定的位置。

测距差系统可以采用各种不同的无线电波段。假若系统用于近距导航，则可以选用超短波波段。由于工作在超短波波段，因而可以在很大程度上避免大气干扰。其作用距离在海面上最远不超过300 km。利用中波或长波测距系统，可以比较容易解决飞机远程导航问题。

6. 罗兰系统台链及其配置

罗兰-C系统的发射台链是指一组发射台形成的网络，这些发射台具有共同的时间基准并位于同一地理区域。至少要有3个发射台才能组成一个双曲线台链，台链中的一个发射台定为主台，其余各台为副台。主台和每个副台都组成一个台对，台链中副台的数量一般不超过5个。

台链中各发射台之间位置的相互关系，包括发射台间的距离和方位，称作台链的配置。常见的台链配置有三角形、Y形和星形三种，如图5-3所示。三角形的台链配置是最简单的一种，也叫作一个台组。在Y形和星形配置中，一个台链包含了若干个台组。例如，在图5-3（b）中，Y形配置台链含XMY、YMZ以及ZMX总计3个台组。

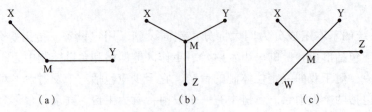

图 5-3　台链配置示意图

(a) 三角形；(b) Y形；(c) 星形

7. 位置线和位置线定位

罗兰-C系统的位置线是地球表面上到两个发射台具有恒定测地距离差的曲线。根据几何原理，到两个定点（M，X）的距离差为常数的动点（P）的轨迹是以定点M和X为焦点的一条双曲线。这样，罗兰-C位置线是双曲线位置线。不同的距离差，对应不同的位置线，形成双曲线位置线族。由于无线电波以确定的速度传播，传播距离与时间成正比，所以罗兰-C系统的位置线既是距离差位置线，也是时间差（也称时差）位置线。

位置线一般都用主副台时差值来标示。罗兰-C系统备有专门的导航图，即同时印有经纬度和罗兰时差位置线族的地图。用该图可以方便地找到确定时差值的位置线，并可以直接在导航图上把定位点的时差坐标转换为地理坐标。

【学习研讨】

背景描述	我国从20世纪60年代初就已开始发展远距导航系统，对于航空等领域都起到至关重要的作用，同时也向世界展现了我国的综合实力
讨论主题	介绍远距导航罗兰导航系统和近距导航系统的区别以及利用双曲线位置线定位自身的特点
成果展示	小组讨论，以文字、语言描述或数字化方式展示讨论成果。 简要列出汇报大纲：

续表

任务反思	1. 学到的知识点有哪些？
	2. 你对自己在本次任务中的表现是否满意？写出课后反思。

【学习评价】

专业知识	能力提升	职业素养	评价结果
内容全面且组织有条理：准确描述罗兰导航系统的相关知识	能采取多种方式收集信息、解决问题，进行分析和总结	有很好的团队合作意识，积极交流沟通与分享	优秀□
内容比较全面且组织比较有条理：较为准确描述罗兰导航系统的相关知识	能较好地收集信息、解决问题，分析和总结比较到位	有较强的团队合作意识，交流沟通和分享能力较好	良好□
内容不全面且组织条理不清晰：简单描述罗兰导航系统的相关知识	不能全面地收集信息、解决问题，分析和总结的能力还需提升	团队合作意识不够，缺少交流沟通和分享能力	一般□

【拓展学习】

➢ 罗兰导航系统信号特点

1. 信号波形

罗兰-C 系统发射的信号是脉冲组信号，脉冲载频为 100 kHz，每个信号脉冲波形好像一滴水滴。它的发射波形有严格的定义，其特点是从脉冲起始点到脉冲最高点（称脉冲峰点）这一过程（称脉冲前沿）上升较快，而从峰点往后的过程（称脉冲后沿）下降较慢。罗兰-C 系统的信号波形如图 5-4 所示。

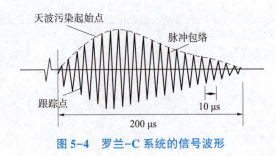

图 5-4 罗兰-C 系统的信号波形

2. 信号格式

罗兰-C 系统的信号格式包括下述内容：一个脉冲组中的脉冲数目、脉冲之间的间隔、脉冲载波相位编码、发射时间、脉冲组重复周期、副台脉冲组相对主台脉冲组的发射延迟、向用户的闪烁告警方式和双工台封闭方式等。

1）脉冲组与脉冲间隔

罗兰-C 系统信号以多脉冲的脉冲组形式发射，副台每个脉冲组含 8 个脉冲，相互间隔 1 000 μs；主台每个脉冲组含 9 个脉冲，前 8 个脉冲与副台一样，相互间隔为 1 000 μs，第 9 个脉冲与第 8 个脉冲间隔 2 000 μs。主台增发的第 9 个脉冲不作导航信号使用，仅仅用于识别主副台。

2）脉冲组重复周期

脉冲组重复周期是指同一发射台相邻脉冲组之间的时间间隔，用字母 GRI 表示，规定在脉冲组的第一个脉冲的第 3 周过零点处测量。一个台链中所有发射台的 GRI 都相同。

罗兰-C 系统允许的 GRI 范围为 40 000～99 990 μs，允许的最小间隔为 10 μs。通常，GRI 用其数值除以最小间隔的倍数（四位数）来表示。例如，某台链的 GRI 为 99 600 μs，即可用 9 960 这个四位数来表示该链的 GRI，即该台链的 GRI 为 9 960。

3）相位编码

相位编码是指每个脉冲组中各个脉冲的载波相位排列方式。罗兰-C 系统的相位编码在两个 GRI 中重复一次，这两个 GRI 分别称为 AGRT 和 BGRI；其重复间隔称为相位编码重复周期，用 PCI 表示。

为了便于接收和识别，AGRI 和 BGRI 采用不同的编码，主台和副台也采用不同的编码。罗兰-C 系统信号所用的编码是 8 位码长的二相二周期全互补码。表 5-4 所示为罗兰-C 系统信号的相位编码，表中"+"表示 0 相位脉冲，"−"表示 π 相位脉冲。

表 5-4 罗兰-C 系统信号的相位编码

GRI	主台	副台
A	++−−+−+−+	+++++−−+
B	+−−+++++−	+−+−++−−

4）闪烁告警

闪烁告警是罗兰-C 系统向用户发出告警的一种手段，闪烁告警表示某一发射台或台对工作不正常，用户不能用正在闪烁告警的发射台信号进行定位。闪烁告警分主台闪烁告警和副台闪烁告警两种。主台闪烁告警形式是第 9 脉冲按一定格式周期通断,闪烁周期通断格式为莫尔斯码,不同的点划组合表示台链中某个或某些台的信号不能使用。所有副台的闪烁告警形式都相同,副台闪烁表示该主副台对时差不能用于定位。

5)双工台的封闭

有些罗兰-C 系统发射台同时发射两个台链的信号,习惯上称为双工台。

在双工台,因为要发射两种不同 GRI 的信号,会碰到两种 GRI 信号周期性地在时间上重叠的问题。在信号重叠期间,为避免信号的相互干扰,必须要抑制掉其中的一个信号,这就是双工台的封闭。在双工台信号重叠期间,一个脉冲组落入另一个脉冲组封闭间隔的那部分信号将被抑制掉。

通常采用的封闭方式有两种,即优先封闭和交替封闭。采用优先封闭时,要事先规定某一 GRI 信号为优先周期,一般都选较大 GRI 的信号为优先周期。在这种封闭方式下,只要发生信号重叠,总是封闭不优先周期的信号。采用交替封闭时,封闭优先权按时间分,两种重复周期轮流封闭。

学习单元二　奥米伽导航系统

【情境导入】

奥米伽的概念在 20 世纪 40 年代后期由 Pierce 教授提出,与罗兰-C 系统一样,也是一种双曲线、甚低频远距导航系统。其在军事上的用途十分明显,目前由于卫星导航技术的出现,美国国防部宣布停止使用该系统,但只有在世界范围广泛使用卫星导航后才能放弃使用奥米伽系统。图 5-5 所示为奥米伽符号。

图 5-5　奥米伽符号

【学习目标】

(1)了解奥米伽导航系统的特点;

(2)掌握奥米伽导航系统的两种工作方式;

(3) 具有系统思维的能力;
(4) 具有团队合作分析的能力;
(5) 具有坚定的理想信念、强烈的航空报国情怀;
(6) 具有追赶超越、不断创新、敢于攻坚克难的工匠精神。

【知识导航】

1. 奥米伽导航系统

奥米伽（Omega）导航系统工作在 10~14 kHz 的甚低频段（即 VLF 频段），是一个超远程无线电导航系统，用希腊字母表中最后一个字母"Ω"的读音为其命名。

奥米伽导航系统是在第二次世界大战期间对 LF（低频）和 VLF（甚低频）无线电波传播研究的基础上发展起来的，利用相位差技术来构成远程导航系统。全球覆盖的四频八台站发射体制，基本达到全球导航定位。

2. 系统特点

(1) 奥米伽导航系统以波导模式传播，能量损失小，能环绕地球传播至各个方向，因此能较稳定地远距离传播。奥米伽导航系统不像罗兰等系统受地面台站作用距离的限制，也不像天文导航那样受气象条件的限制，只需 8 个台站即可实现对全球的有效覆盖。和惯性导航系统相比，奥米伽导航系统用户设备的成本低，且其精度不像惯性导航系统那样随时间的增长而降低。

(2) 电波波长越长，能量入水的深度越深。奥米伽导航系统所工作的 VLF 频段，电波可入水一定深度，对 10 kHz 信号，水下每米衰减 3~4 dB，相当于在陆地上 1 000~2 000 km 的传播衰减。对辐射功率 10 kW 左右的 VLF 台，在几千千米距离上，水下可接收的深度为 10~15 km，因此，位于水下表面可接收深度上的潜艇也可利用奥米伽导航系统定位。

(3) 奥米伽导航系统有两种工作模式，即双曲线工作模式和测距工作模式。奥米伽导航系统测定的是相位差，在远距离传输过程中，多种因素影响着 VLF 电波的相位，从而产生由于传播而引起的定位误差。

(4) 绝对定位精度不高是奥米伽导航系统的一个弱点，这限制了它在需要精确定位场合的运用，但对于远洋和洲际航行而言，其定位相对精度还是相当好的。奥米伽电波的传播速度会因路径的不同、测定的时间不同及季节的不同而有较大的差异，导致所测定的相位差值需做修订。

3. 系统组成

1) 地面台站

地球周长约 21 000 n mile，考虑到各台站的覆盖区域要有适当重叠，在全球设置了 8 个台站。

奥米伽导航系统地面台站的组成框图如图 5-6 所示。时频系统是奥米伽导航系统地面台站的心脏部分，由多台铯束原子频率标准、原子频标组合仪、定时器等组成，铯束原子频率标准作为基本的信号源，各台站的频率准确度和稳定度可达 10^{-12}~10^{-11} 量级，它们的输出加到原子频标组合仪。

在原子频标组合仪中，四路输入频率和相位进行加权平均，联合成一路输出。这种联合的平均输出，不仅频率和相位更加准确和稳定，而且输出相位连续。即使一台原子频标发生故障，也不会严重影响组合仪的输出。按照发射形式，在各时间段内，把需发射的频率信号输给发射机，在发射机中进行功率放大，经输出变压器加到天线调谐装置。

在天线调谐装置中，发射机传输来的信号经匹配变压器，加到各频率的变感器上。由定时器来的键控脉冲控制天线继电器的通断，将各频率信号传送到负载线圈。

发射机输出功率为 50~100 kW，天线效率为 10%~20%，辐射功率约 10 kW。

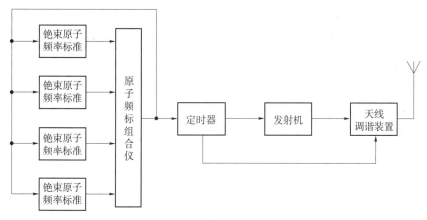

图 5-6 奥米伽导航系统地面台站的组成框图

2）机载设备

奥米伽导航系统机载设备的组成框图如图 5-7 所示。

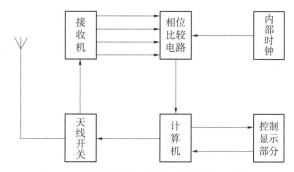

图 5-7 奥米伽导航系统机载设备的组成框图

天线用于接收奥米伽导航系统地面台站信号。接收机的天线可采用垂直天线或环形天线。垂直天线灵敏度高，受飞机自身的电磁波干扰小，但存在静电干扰。环形天线灵敏度比垂直天线低，但它的抗静电干扰、抗雷电干扰性能好。然而飞机自身的电磁干扰对环形天线有较大威胁，因此，在安装环形天线时，需要注意找到电磁噪声最小的安装部位。

环形天线具有"∞"形方向图，为能对 8 个台站皆具有较好的接收特性，接收机通常采用两个互成 90°安装的环形天线。在确定了接收的地面台站后，通过计算方位和飞机航向之差，决定是用单独的纵向环形天线或是用单独的横向环形天线，以使方向图的较强方向指向所接收的地面台站。

接收机通常是超外差形式，一般可接收 3~4 个频率的信号。与之相对应，接收机具有 3 个或 4 个通道，所接收的奥米伽导航系统信号经放大、滤波和变换后，输至相位比较电路。

内部振荡器提供本机的时间基准。在相位比较电路中，每个奥米伽导航系统的输出信号与本机时间的基准进行比较。每完成一次相位测量，就产生一次中断，以便通知计算机，它可以得到相位数据并进行数据处理。

4. 系统信号格式

8 个地面台站不能同时以同一频率发射，如果两个以上的同频信号同时为接收机所接收，将无法区分它们。为使接收机能识别各地面台站的信号，必须将 8 个地面台站所传送的信号进行适当的安排，并使它们按规定的信号格式进行辐射。

在总共 10 s 的一个发射周期内，每个地面台站皆按照图 5-8 所规定的信号格式进行辐射。奥米伽导航系统的 8 个地面台站采用多路时分、频分体制。一个完整的发射周期是 10 s，在 10 s 内再划分为 a、b、c、d、e、f、g、h 等 8 个发射时间段，各段间隔及与相邻发射周期段的间隔均为 0.2 s。各发射时间段从 0.9s 到 1.2 s 不等，如图 5-8 中所标明的那样。每个地面台站皆有 5 个发射频率，其中各地面台站共有的发射频率是 4 个，此外各地面台站还发射一个独有频率的信号。多路时分、频分所做的交错排列，保证了在 a~h 的任一时间段内，8 个地面台站不会同时发射相同频率的信号。

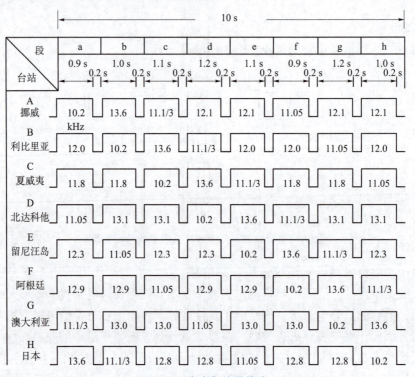

图 5-8　奥米伽信号格式

5. 奥米伽导航系统工作原理

奥米伽导航系统主要提供位置参数。凡是装有奥米伽信号接收装置的用户，都可利用奥米伽信号相位移的特性来确定自身的地理位置。

1）奥米伽信号相位移

奥米伽导航系统地面台站所辐射的信号，其频率是恒定的，在电波传播速度一定的条件下，如果不考虑多模波的影响，奥米伽信号相位移与距离呈线性关系。

奥米伽信号的相位移是通过比较来判定的。10.2 kHz 信号的波长化整约为 16 n mile，周期为 98 μs。

在奥米伽导航系统接收机内，设有一个基准振荡器，其振荡信号波形如图 5-9（b）所示。它的频率与奥米伽导航系统地面台站的信号频率相同，且保持同步，于是奥米伽信号相位移便可由接收点奥米伽信号与基准振荡信号的相位差来度量。

移动接收机，改变它与地面台站的距离，如图 5-9（a）所示，在不同距离上接收机所收到的奥米伽信号分别表示在图 5-9（c）~图 5-9（f）中。

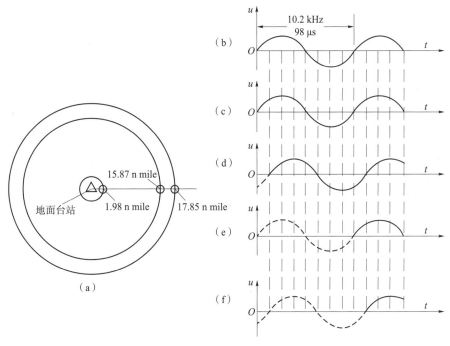

图 5-9　奥米伽信号相位移

图 5-9（c）所示为接收机与地面台站位于同一地点时的接收信号波形，它与基准振荡器信号同相，两者比较相位差为 0°，即奥米伽信号相位移等于 0°。图 5-9（d）所示为接收机距发射机 1.98 n mile 处的接收信号波形，这一距离是 10.2 kHz 的 1/8 波长，发射台电波需经 12.25 μs（10.2 kHz 的 1/8 周期）才到达接收机，它与基准振荡比较相位差 45°，即奥米伽信号相位移等于 45°。图 5-9（e）所示为接收机距发射机一个波长时的接收信号波形，奥米伽信号相位移等于 360°。图 5-9（f）所示为接收机距发射机（1+1/8）个波长处的接收信号波形，奥米伽信号相位移等于 360°+45°。减去一个相位周期后仍为 45°，减去整周期

相位后的奥米伽信号相位移,通常称为相对相位移(或相对相位差)。

随着距离的增加,上述过程将无限地继续下去,但相对相位移只在 0°~360° 变化,这种重复性,使相对相位移的同一数值与无数的距离值相对应,只有在确知上述重复变化的次数后,才可由相对相位移的数值唯一地确定接收机与地面台站的距离,从而实现奥米伽导航系统定位。这就是奥米伽导航系统中所要解决的消除多值性问题。

如何处理检测到的奥米伽导航系统相对相位移并实现定位,产生了两种基本方法,即双曲线导航和直接测距导航。

2) 双曲线导航

在双曲线导航中,接收机接收来自两个地面台站的同频率信号,测定的是这两个奥米伽信号相位移之间的差值。由于奥米伽信号相位移与距离有关,因而测量的也是接收机到两个地面台站的距离差,如图 5-10 所示。

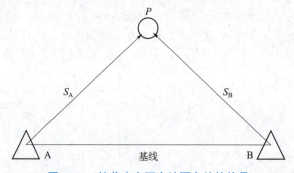

图 5-10 接收来自两个地面台站的信号

在 P 点,地面台站 A、B 信号的时间延迟由路径长 S_A 和 S_B 产生,差值 $S_A - S_B = \Delta S$ 决定了这两个信号间的相位差。保持距离差 ΔS 为常数去移动 P 点,将描绘出一条双曲线,如图 5-11 所示。在双曲线上,相位差也为常数。

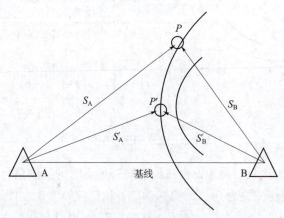

图 5-11 双曲线位置线

在双曲线导航中,这种用于定位的双曲线称为位置线(Line of Position, LoP)。每给定一个新的距离差值,便可获得一条新的位置线。在双曲线导航中,位置线是一簇双曲线,要确定接收机的位置,至少需要两条位置线。

对工作于同一频率并严格同步的三个奥米伽地面台站 A、B、C，若已测得并确认了 A、B 台组的位置线 LOP$_1$，则接收机应当位于位置线 LOP$_1$ 上，再测得并确认了 A、C 台组的位置线 LOP$_2$，则接收机应当位于位置线 LOP$_2$ 上。在这两条位置线的交点 P 处，接收机同时满足位于 LOP$_1$、LOP$_2$ 上的条件，因此 P 点是唯一确定的接收机位置，如图 5-12 所示。

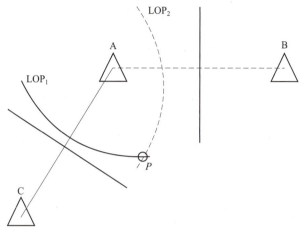

图 5-12　双曲线定位

3）直接测距导航

直接测距导航建立在对单个奥米伽地面台站距离测定的基础上。

（1）单台测距。

如图 5-13 所示，当接收机由地面台站 A 移开时，奥米伽信号相位移随之增加。信号相位移每增加 360°，距离增加一个波长。10.2 kHz 波长近似 16 n mile，若对相位移每一次 360° 的变化进行计数，并测得相对相位移，接收机到地面台站 A 的距离便可测得。若接收机位于图 5-13 所示的 X 点，测得的距离应为

$$S_A \approx 2 \times 16 + \frac{90°}{360°} \times 16 = 36 \, (\text{n mile}) \tag{5-1}$$

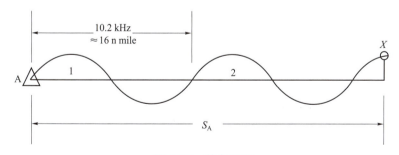

图 5-13　单台测距

电波是以地面台站为中心向四周匀速传播的，信号相位在 0°~360° 变化。"0" 相位差线给出了一个相位重复变化的边界，我们将相邻 "0" 相位差线所围成的区域称为 "巷"（LANE）。因而直接测距的 "0" 相位差线和位置线都是以地面台站 A 为圆心的同心圆，如图 5-14 所示。

直接测距时，巷宽是恒定的。在所有方向上，巷宽均等于一个波长（而在双曲线系统中，巷宽只在基线上才等于半个波长）。

直接测距中，一个巷宽等于一个波长，对应于奥米伽信号相位的360°变化，因此接收机至地面台站的距离 S_A 可由式（5-2）求出：

$$S_A \approx n \times S_L + \frac{\phi_M}{360°} \times S_L \tag{5-2}$$

式中，n 为巷道计数值；S_L 为巷宽，其值已知；ϕ_M 为所测得的相对相位差，其值在 $0° \sim 360°$。

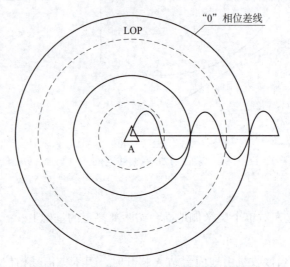

图 5-14 直接测距"0"相位差线与位置线

（2）测距-测距定位（ρ-ρ 定位）。

ρ-ρ 定位只需接收来自两个地面台站的信号，当两个巷道和各自的位置线都已确定时，接收机的位置即被确定，如图 5-15 所示。

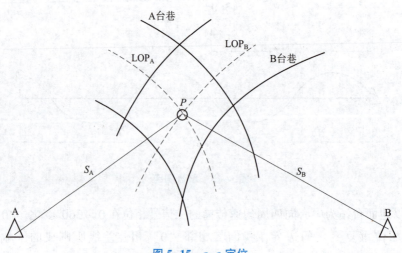

图 5-15 ρ-ρ 定位

【学习研讨】

背景描述	第一代卫星子午仪导航系统与奥米伽导航系统都是全球性导航系统,但它们各有优缺点。它们的组合系统就是把导航卫星定位精度高、可靠性好与奥米伽导航系统能连续定位的优点结合起来,取长补短
讨论主题	描述奥米伽导航系统与罗兰导航系统,以及卫星导航系统的异同点
成果展示	小组讨论,以文字、语言描述或数字化方式展示讨论成果。 简要列出汇报大纲:
任务反思	1. 学到的知识点有哪些? 2. 你对自己在本次任务中的表现是否满意?写出课后反思。

【学习评价】

专业知识	能力提升	职业素养	评价结果
内容全面且组织有条理:准确描述奥米伽导航系统的相关知识	能采取多种方式收集信息、解决问题,进行分析和总结	有很好的团队合作意识,积极交流沟通与分享	优秀□
内容比较全面且组织比较有条理;较为准确描述奥米伽导航系统的相关知识	能较好地收集信息、解决问题,分析和总结比较到位	有较强的团队合作意识,交流沟通和分享能力较好	良好□
内容不全面且组织条理不清晰;简单描述奥米伽导航系统的相关知识	不能全面地收集信息、解决问题,分析和总结的能力还需提升	团队合作意识不够,缺少交流沟通和分享能力	一般□

【拓展学习】

> 奥米伽信号误差

VLF 信号在大气波导中传播，电离层 D 层和地球表面的电磁性质决定了 VLF 信号的特性。如电离层的高度、地球表面电导率等因素，都将对奥米伽信号的特性产生影响。

奥米伽导航系统测定的是相位差，因而对相位速度（简称相速）特别关注。实际的奥米伽信号相速是随信号传输路径上的地球物理状态及光照条件的改变而变化的，在同一地点接收相同地面台站的信号，其相位差随白天、夜晚、季节的不同而有所差异，接收机所在地点改变后，影响的程度也将不同。奥米伽信号传播影响的存在，使得直接用相位差的测量值去确定位置线时，往往得不到正确的结果。因此，必须进行传播修正。

在高频和中频频段，电波要深入电离层后才反射，当电离层受外界影响时，反射特性的变化范围大，对这种变化只能进行很近似的计算，因此，对高频和中频频段电波传播的修正十分困难。大量的实验和详细的研究表明，对甚低频信号的反射只发生在电离层的最低层而不深入进去。以波导理论为基础，综合有关影响因素，在正常条件下，甚低频信号从发射点向接收点传播的影响可以较准确地计算出来。根据计算结果制定并发布了《奥米伽预测传播改正表》。根据接收机所在位置、信号频率、所使用的奥米伽台组、日期、时间等条件，可从改正表上查出改正值，利用改正值对测量结果进行传播误差的修正，便可获得较准确的位置线。

1. 可预测的传播误差

1) 电离层高度的变化

电离层的形成主要是由于太阳的辐射。一年四季、每天的 24 小时，当太阳照射强度发生变化时，电离层情况随之变动。图 5-16（a）所示为昼夜变化对电离层 D 层高度的影响。白天，太阳照射强度大，电离层电荷密度增加，形成 D 层，其高度约为 70 km。日落后，电子与离子复合，D 层逐渐消失，至夜间，电离层的下边界移到 E 层的底部，其高度约为 90 km，在日出和日落线附近，电离层的电荷密度和高度则呈现出介于白天、夜晚间的过渡性变化。

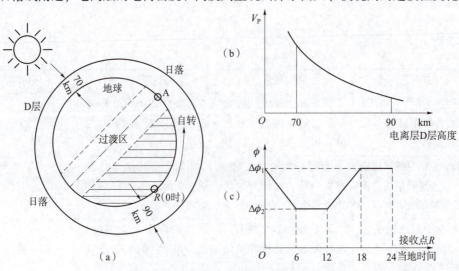

图 5-16 电离层高度变化引起传播误差

图 5-16（b）所示为 VLF 信号相速 V_p 与电离层 D 层高度的关系，表明随电离层 D 层高度的增加，相速度下降。

2）大地电导率的变化

电导率除对奥米伽信号的幅度衰减产生影响外，还对相速度产生影响，如图 5-17 所示。

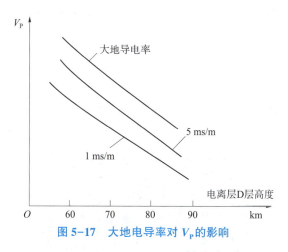

图 5-17 大地电导率对 V_p 的影响

电导率越低，相速度越低。奥米伽信号在海面上传播，除了高衰减率的冰层外，仅由于海水温度、盐度差别引起的变化是较小的；在海面、陆地交界处，电导率将有较大变化；在陆地，地表面电导率的情况比较复杂，大地电导率可使奥米伽信号的相速度产生较大的变化。地球的大多数电导率状况已测得，因而这种影响也是可预测的。

除上述两项外，可预测的传播误差中，还要考虑地球非球形形状以及纬度效应等影响因素。

纬度效应是指由于地磁场的作用，进入地球磁场的高能粒子大部分朝地磁两极运动，引起高纬度地区电离增加而使电离层高度下降。白天，太阳辐射是主要电离源，纬度效应不显著；夜晚，宇宙射线是主要电离源，纬度效应显著。

2. 不可预测的传播误差

1）电离层突然扰动（SID）

当来自太阳的 X 射线突然大量增加时，会发生电离层突然扰动。这种现象通常在太阳爆发时发生，增加的电离辐射使受阳光照射区域的电离层有效高度下降，改变了奥米伽电波的相速度。

2）高纬度电离层异常

在高纬度区的电离层，来自太阳的高能粒子在地磁场的作用下，粒子在磁极区聚集，导致电离层高度降低，影响跨极传播的奥米伽信号相位。

3）磁暴

在太阳爆发中，还产生一种次级粒子，它以很低的速度（1 000 km/s 量级）飞行，经 22～23 天到达地球，引起极光和磁暴。磁暴过程中，白天场强大于正常值，通常日落时信号强度的降低亦消失，夜间场强呈现异常，非常接近白天的值。

4) 波型干扰

波型干扰是一种特殊形式的信号干扰。在干扰区内，各不同波型相互干涉并在相位图案上表现出不规则性。除地面台站的近区外，其他地区如日出、日落过渡区或在陆、海边界上也可能存在波型干扰。

学习单元三　全球卫星导航系统

【情境导入】

中国的北斗卫星是我国自主建设的卫星导航系统，如图5-18所示。自1994年北斗一号立项以来，历经数十载，从无到有、从有源到无源、从区域到全球，交出一份沉甸甸的"成绩单"。

图5-18　北斗卫星导航系统

【学习目标】

(1) 掌握卫星导航系统的特点和分类；
(2) 掌握卫星导航系统的工作原理；
(3) 熟悉北斗卫星导航系统的特性；
(4) 了解其他全球导航卫星系统；
(5) 具有分析卫星导航系统的性能和主要参数的能力；
(6) 具有空间想象和分析的能力；
(7) 具有坚定的理想信念、强烈的爱国主义情怀；
(8) 提升解决问题的能力，形成不畏困难、坚持不懈的品质。

【知识导航】

1. 卫星导航系统

一种空间无线电定位系统，包括一个或多个卫星星座及其支持特定工作所需的增强系统，可为地球表面、近地表和地球外空任意地点用户提供 24 小时三维位置、速率和时间信息，我们称其为全球卫星导航系统，英文全称为 Global Navigation Satellite System，简称为 GNSS。

2. 卫星导航系统的特点

与其他导航系统相比，卫星导航系统有其自身的特点。

（1）全球覆盖：能为全球任何地点及近地空间的用户提供全球导航能力，只要用户拥有一台接收机，就能在全球范围内导航。

（2）全天候：卫星导航系统的工作不受季节、昼夜、气象等条件的限制。

（3）高精度三维定位、测速、测时：可为用户提供高精度的三维位置、速度和精确的时间信息。

（4）多用途：应用领域范围广。军用、民用、工业、农业、科研等多领域广泛应用。

（5）准实时：现用卫星导航系统在每秒内可完成数次甚至十几次定位，近乎实时。

（6）容量大：使用卫星导航系统导航时，用户不需发射信号，因而无用户数量限制，隐蔽性较好。

3. 卫星导航系统的组成

卫星导航系统由地面台站、导航卫星和用户定位设备三个部分组成，如图 5-19 所示。

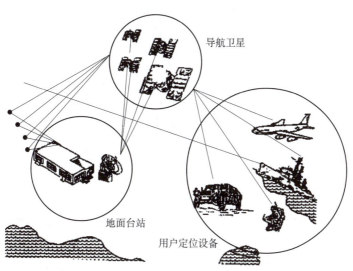

图 5-19　卫星导航系统的组成

（1）导航卫星：卫星导航系统的空间部分，由多颗导航卫星构成空间导航网。

（2）地面台站：跟踪、测量和预报卫星轨道并对卫星上设备工作进行控制管理，通常包括跟踪站、遥测站、计算中心、注入站及时间统一系统等部分。跟踪站用于跟踪和测量卫星的位置坐标。遥测站接收卫星发来的遥测数据，以供地面监视和分析卫星上设备的工作情况。计算中心根据这些信息计算卫星的轨道，预报下一段时间内的轨道参数，确定需要传输给卫星的导航信息，并由注入站向卫星发送。

（3）用户定位设备：通常由接收机、定时器、数据预处理器、计算机和显示器等组成。它接收卫星发来的微弱信号，从中解调并译出卫星轨道参数和定时信息等，同时测出导航参数（距离、距离差和距离变化率等），再由计算机算出用户的位置坐标（二维坐标或三维坐标）和速度向量分量。用户定位设备分为船载、机载、车载和单人背负等多种形式。

4. 卫星导航系统的定位原理

卫星定位通过借助卫星发射的测距信号来确定位置，即将空间中的卫星作为已知点，测量卫星到地面点的距离，然后通过距离来确定接收设备在地球表面或空中的位置。

卫星不断发送包含卫星位置的轨道信息和卫星所携带的原子钟产生的精确时间信息，同时发射测距信号。机载接收机接收卫星传来的信号，并测定该卫星到接收机的空间距离，此时接收机位于以观测卫星为球心，观测卫星到接收机空间距离为半径的球面与地球表面相交的圆弧的某一点。以此类推，可以确定以第二、三颗观测卫星为球心，卫星到接收机空间距离为半径的球面与地球表面的相交点。三个圆弧相交于地球表面的一点，该点即为接收机的位置。接收机内部采用的石英钟和卫星搭载的原子钟相比误差较大，因此需要接收 4 颗卫星的观测值，解算出石英钟和原子钟的时间差，以便算出准确的传播时间，最终测算出准确的传播距离，这就是常说的"四星定位"原理，如图 5-20 所示。

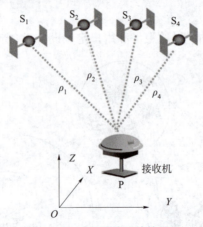

图 5-20　卫星导航系统的原理

在任意一个时刻，地球上任意位置的用户终端至少都可以接收到 4 颗卫星发出的编码信号。由于卫星发射编码时有明显的时间标记，所以用户终端就可以根据不同卫星的信号到达本机的时间差和相位差等信息计算出到每颗卫星的距离，然后根据预定的程序解算出终端此时此刻所处的经度、纬度、运动速度、飞行高度、飞行方向等导航信息。

5. 卫星导航系统的分类

目前世界上的卫星导航系统一共有 4 个：美国的全球定位系统（GPS）、俄罗斯的格洛纳斯卫星导航系统（GLONASS）、中国的北斗卫星导航系统（BDS）和欧盟的伽利略卫星导航系统（GALILEO），如图 5-21 所示。

1）全球定位系统（GPS）

全球定位系统（GPS）由美国国防部历时 20 年建成，是一个包含 24 颗卫星的星基无线电导航系统。GPS 覆盖全球，具备连续、全天候工作能力，以及为高动态平台提供服务的能力，能为其使用适当接收设备的用户提供精确、连续的三维位置、速度和时间信息。GPS 属

(a)　　　　　(b)　　　　　(c)　　　　　(d)

图 5-21　四大卫星导航系统

(a) GPS；(b) GLONASS；(c) BDS；(d) GALILEO

于卫星导航系统中发展最早、成熟度最高、商业应用开发最深入的系统。

GPS 服务于美国军方，并兼顾民用，提供两个级别的定位服务，即精密定位服务（PPS，通过加密技术控制使用权限，面向军用）和标准定位服务（SPS，开放的，面向民用）。目前，GPS 可提供标准定位服务，其定位精度可达到 10 m 左右。

北斗导航

2) 格洛纳斯系统（GLONASS）

格洛纳斯卫星导航系统（GLONASS）于 20 世纪 90 年代实现了全球组网，标准配置为 24 颗卫星，但由于受到苏联解体及俄罗斯经济衰退的影响，一度没有足够资金进行卫星补网，最少时在轨卫星仅有六七颗，2010 年后逐渐恢复全球服务能力，由于采用了独特的编码体制，系统的整体抗干扰性更强，发生紧急事态时有潜在的安全性优势。

GLONASS 技术可为全球海陆空以及近地空间的各种军、民用户全天候、连续地提供高精度的三维位置、三维速度和时间信息。GLONASS 在定位、测速及定时精度上优于施加选择可用性之后的 GPS，俄罗斯向国际民航和海事组织承诺向全球用户提供民用导航服务。

3) 北斗卫星导航系统（BDS）

北斗卫星导航系统（BDS）是中国自主研发、独立运行的全球卫星导航系统，分为北斗一号系统、北斗二号系统和北斗三号系统。北斗三号全球卫星导航系统全面建成并开通服务，使我国成为世界上第三个独立拥有全球卫星导航系统的国家。

BDS 可在全球范围内全天候、全天时为各类用户提供高精度、高可靠定位、导航、授时服务，并且具备短报文通信能力，已经具备全球导航、定位和授时能力，定位精度为分米、厘米级别，测速精度为 0.2 m/s，授时精度为 10 ns。

BDS 具有以下特点：

(1) 北斗卫星导航系统空间段采用三种轨道卫星组成的混合星座，与其他卫星导航系统相比高轨卫星更多，抗遮挡能力强，尤其低纬度地区性能特点更为明显。

(2) 北斗卫星导航系统提供多个频点的导航信号，能够通过多频信号组合使用等方式提高服务精度。

(3) 北斗卫星导航系统创新融合了导航与通信能力，具有实时导航、快速定位、精确授时、位置报告和短报文通信服务五大功能。其中短报文通信功能一次可传送多达 120 个汉字的信息。在没有电信地面基站的地方，通过它就可以实现短消息传输。

(4) 北斗三号全球卫星导航系统卫星数为 35 颗，比 GPS 多，因此未来定位导航精度更有保障。

另外，北斗卫星导航系统的增强系统是其一大亮点，增强系统包括地基增强系统与星基增强系统。

北斗地基增强系统是北斗卫星导航系统的重要组成部分，按照"统一规划、统一标准、共建共享"的原则，整合国内地基增强资源，建立以北斗卫星导航为主、兼容其他卫星导航系统的高精度卫星导航服务体系。利用北斗/GNSS 高精度接收机，通过地面基准站网，利用卫星、移动通信、数字广播等播发手段，在服务区域内提供 1~2 m、分米级和厘米级实时高精度导航定位服务。

北斗星基增强系统是北斗卫星导航系统的重要组成部分，通过地球静止轨道卫星搭载卫星导航增强信号转发器，可以向用户播发星历误差、卫星钟差、电离层延迟等多种修正信息，实现对于原有卫星导航系统定位精度的改进。

未来，北斗卫星导航系统将持续提升服务性能，扩展服务功能，增强连续稳定运行能力，进一步提升全球基本导航和区域短报文通信服务能力，实现全球短报文通信、星基增强、国际搜救、精密单点定位等服务能力。

4）伽利略卫星导航系统（GALILEO）

伽利略卫星导航系统（GALILEO）是由欧盟研制和建立的全球卫星导航定位系统，该计划于 1999 年 2 月由欧洲委员会公布，欧洲委员会和欧空局共同负责。系统由 30 颗中高度轨道卫星组成，其中 27 颗工作星，3 颗备份星。于 2020 年发射完毕全部 30 颗卫星。

伽利略卫星导航系统民用精度表现良好，但系统稳定性和可靠性表现欠佳。

【学习研讨】

背景描述	2020 年 7 月 31 日，北斗三号全球卫星导航系统建成暨开通仪式在人民大会堂隆重举行。习近平总书记在人民大会堂郑重宣布："北斗三号全球卫星导航系统正式开通！"这标志着中国自主建设、独立运行的全球卫星导航系统已全面建成开通，中国北斗卫星导航系统迈进了高质量服务全球、造福人类的新时代
讨论主题	描述北斗卫星导航系统的发展历程，以及其建立的必要性
成果展示	小组讨论，以文字、语言描述或数字化方式展示讨论成果。 简要列出汇报大纲：

续表

任务反思	1. 学到的知识点有哪些？ 2. 你对自己在本次任务中的表现是否满意？写出课后反思。

【学习评价】

专业知识	能力提升	职业素养	评价结果
内容全面且组织有条理：准确描述卫星导航系统的相关知识	能采取多种方式收集信息、解决问题，进行分析和总结	有很好的团队合作意识，积极交流沟通与分享	优秀□
内容比较全面且组织比较有条理：较为准确描述卫星导航系统的相关知识	能较好地收集信息、解决问题，分析和总结比较到位	有较强的团队合作意识，交流沟通和分享能力较好	良好□
内容不全面且组织条理不清晰：简单描述卫星导航系统的相关知识	不能全面地收集信息、解决问题，分析和总结的能力还需提升	团队合作意识不够，缺少交流沟通和分享能力	一般□

模块六
航行着陆系统

自从飞机问世以来很长一段时间,飞机的进近和着陆都是依靠驾驶员的目视操作完成。随着飞机速度的提高、体积的增大,驾驶员目视操作着陆越来越难。尤其对于现代的大型民航客机而言,要实现飞机安全、准确的进近和着陆,必须依靠一套非常精确的着陆引导系统的帮助。这套系统包括飞机上安装的信号接收设备和机场安装的引导信号发射装置。正是这些引导系统的存在,才使现代民航客机在极低的能见度下实现安全降落成为可能,当然,也正是这些引导信号为飞机自动飞行系统提供了正确的进近和着陆的飞行轨迹,引导飞机安全地降落在跑道上,实现飞机着陆自动控制。

你了解航行着陆系统吗?让我们一起探索航行着陆系统。

学习单元一 着陆系统概述

【情境导入】

飞机着陆就是要把飞机从广阔的天空引导到窄小的跑道上来,专业来讲飞机着陆不论是否需要飞行员参与,任何一个着陆系统的功用都应当保证使飞机沿着通过跑道轴线的垂直面(航向平面),以一定的倾斜角下滑(下滑平面),在跑道的指定点接地。

【学习目标】

(1) 掌握着陆系统基本概念与着陆标准;
(2) 掌握着陆的过程;
(3) 掌握着陆系统的种类;
(4) 培养学生拥有正确的世界观与价值取向;
(5) 培养学生的爱国主义精神和严谨的科学精神;
(6) 树立脚踏实地、肩负责任、艰苦奋斗的工匠精神;
(7) 培养学生爱岗敬业、团结协作的当代航空精神。

【知识导航】

1. 着陆系统基本概念

飞机按仪表着陆有关的一些基本定义如图 6-1 所示。

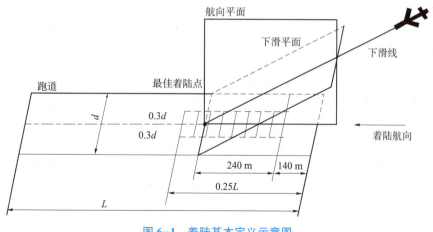

图 6-1 着陆基本定义示意图

着陆航向：飞机在着陆过程中进入跑道的方向。正确的着陆航向是对准跑道轴线的延长线。

下滑平面：飞机在下滑时与跑道平面所成的下滑斜面。跑道平面与下滑斜面所成的角度称为下滑角。下滑角的大小可以用飞机着陆下滑时的某一点高度与到着陆点的距离之比来表示，即 $\tan\theta = H/D$，式中，H 为飞机着陆下滑时在某一点的飞行高度；D 为在该高度处与着陆点的水平距离。

飞机到跑道着陆点的距离：当飞机进入盲目着陆时，为了保持正确的着陆航向和下滑角，飞行员需要及时调整飞机的飞行姿态，修正航向、高度以及下滑率，因而需要掌握在着陆过程中飞机到跑道着陆点的距离，以便计算着陆时间，调整速度和控制发动机的工作状态等。

2. 着陆标准

国际民航组织对飞机借助仪表着陆系统着陆规定了三类着陆标准，如表 6-1 所示。其中，决断高度指的是在这一高度上，根据能否充分看清跑道，飞行员要做出着陆或是复飞的决定。例如，对 Ⅰ 类着陆标准，当能见度不小于 800 m 时，飞行员在 60 m 上空必须能看到跑道，否则应放弃着陆。

表 6-1 着陆标准

类别	决断高度/m	水平能见度/m
Ⅰ	60	800
Ⅱ	30	400
Ⅲ$_A$	15	200
Ⅲ$_B$	0	50
Ⅲ$_C$	0	0

允许做Ⅱ类着陆的机场必须有标准的灯光配置，包括两个大气透射仪，外、中、内信标，以及一套校正好的仪表着陆系统（ILS）。保证Ⅲ类着陆的机场，必须装备有高精度的微波着陆系统和精密测距器。

3. 着陆过程

整个着陆过程大体上可以划分为以下几个阶段：

1）进场

这一阶段的任务在于将飞机从航线飞行引导到着陆航线的方向（跑道中心线延长线的着陆方向），并保证飞机沿着进场航线（通过跑道中心线的铅垂面）过渡到下滑路径的入口（以远距导航台为标志），为下滑飞行做好准备。过渡飞行路径用 VOR、VOR/DME、TACAN 和指点信标来规定起始进场点和最后进场点；进场高度用气压高度表和无线电高度表来测量，此外，也可从进场控制塔得到距离、方位、仰角数据。

国际民航组织（ICAO）规定：下滑道必须在跑道起点上空 15 m 高度处经过，在离跑道起点 300 m 处着陆。这样，当飞行员看到跑道时，就要设法使飞机对准跑道中心线，并沉降到要求的这个高度上。从仪表着陆系统引导进场，过渡到 30 m 决断高度见到跑道期间，必须飞得很平稳并要做好可能放弃着陆的准备。

2）拉平操纵

当飞机接近着陆点时，是不能以原来在下滑道上的沉降速率继续沉降而碰撞地面的，所以必须执行一种拉平操纵，使下降率在着地时降低。

对于典型的喷气式飞机，当飞机在轮子离地高度为 9 m 时，就要开始拉平；由于在俯仰方向上存在惯性，所以飞行员或自动驾驶仪需提前 2 s 执行拉平操纵；而且决断拉平还要提前 1~2 s。所以，整个拉平过程要在离着陆点水平距离 780 m、垂直距离 22.5 m 范围内实现，如图 6-2 所示。

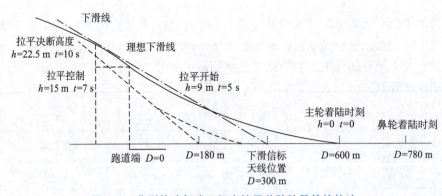

图 6-2 典型的喷气式飞机在拉平着陆阶段轮的轨迹

Ⅰ、Ⅱ类着陆时，拉平阶段完全靠驾驶员目视进行操纵。但在装有微波着陆系统的机场上，由于该系统中的拉平台可以提供拉平阶段的距离和高度数据，仍然可以用仪表进行操纵。

3）滑行和行驶

在主轮着陆约 180 m 以后，大型喷气式飞机鼻轮才着陆，以后的操纵就与地面车辆相似了。这期间，飞机在跑道界限以内结束滑行，找到出口沿行驶道行驶到停机坪，最后完成着陆。

4. 着陆系统的种类

飞机的着陆引导可分为非精密着陆引导和精密着陆引导两大类。

1）非精密着陆引导

利用一般的导航系统实现飞机着陆引导称为非精密着陆引导或辅助着陆引导。典型系统如双信标着陆系统、塔康系统着陆引导，这种引导方式只能提供水平方向的航向偏离信息和飞机至着陆跑道端头的距离信息。

2）精密着陆引导

利用专用的飞机着陆引导系统实现的飞机着陆引导称为精密着陆引导。典型系统有精密着陆引导雷达、仪表着陆系统（ILS）和微波着陆系统（MLS），这种引导方式可以向着陆过程的飞机连续提供精密的三维空间着陆引导信息。

另外，近些年来，卫星导航系统的相继建成，使人们更多关注利用卫星导航系统来解决未来飞机着陆引导问题，这将是一个大的发展趋势。

【学习研讨】

背景描述	飞机的着陆引导可分为非精密着陆引导和精密着陆引导两大类
讨论主题	查阅资料，举例说明哪些是非精密着陆引导、哪些是精密着陆引导
成果展示	小组讨论，以文字、语言描述或数字化方式展示讨论成果。 简要列出汇报大纲：
任务反思	1. 学到的知识点有哪些？ 2. 你对自己在本次任务中的表现是否满意？写出课后反思。

【学习评价】

专业知识	能力提升	职业素养	评价结果
内容全面且组织有条理：准确描述着陆系统相关的基础知识	能采取多种方式收集信息、解决问题，进行分析和总结	有很好的团队合作意识，积极交流沟通与分享	优秀□
内容比较全面且组织比较有条理：较为准确描述着陆系统相关的基础知识	能较好地收集信息、解决问题，分析和总结比较到位	有较强的团队合作意识，交流沟通和分享能力较好	良好□
内容不全面且组织条理不清晰：简单描述着陆系统相关的基础知识	不能全面地收集信息、解决问题，分析和总结的能力还需提升	团队合作意识不够，缺少交流沟通和分享能力	一般□

学习单元二　仪表着陆系统（ILS）

【情境导入】

盲降是仪表着陆系统 ILS 的俗称，在低能见度天气时，地面导航台与机载设施建立相关联系后，系统可由自动驾驶仪完成对准跑道及后续着陆等行为。有别于天气正常时的"目视进场"，此方式依靠仪表着陆系统引导飞机进近着陆，可理解为"不依赖眼睛"，即称"盲降"。

【学习目标】

(1) 掌握 ILS 系统的功能；
(2) 掌握 ILS 系统的主要战术指标；
(3) 掌握 ILS 系统的主要结构和原理；
(4) 培养学生拥有正确的世界观与价值取向；
(5) 培养学生的爱国主义精神和严谨的科学精神；
(6) 树立脚踏实地、肩负责任、艰苦奋斗的工匠精神；
(7) 培养学生爱岗敬业、团结协作的当代航空精神。

【知识导航】

1. 仪表着陆系统

仪表着陆系统（Instrument Landing System，ILS）是主要用于飞机进近着陆引导的系统，是国际民航组织标准着陆引导系统。虽然国际民航组织早已做出规划，要用微波着陆系统

MLS 逐步取代 ILS，但由于 ILS 的应用十分普遍，造价低及其设备的不断改进，使其使用寿命还要延续若干年，特别是在发展中国家使用期会更长一些。

2. 系统功能

仪表着陆系统能为进近着陆飞机提供三个方面的引导信息：

1) 航向引导信息

航向引导信息是指飞机在进近着陆过程中相对航向平面的偏离或对准的情况信息，以引导飞机沿航向平面进近着陆。航向平面是过跑道中心线且垂直跑道平面的一个铅垂面，飞机沿此面进近着陆，其航迹线与跑道中心线（含其延长线）重合，这是最理想的进近着陆航向。

航向引导信息是由航向信标发射的航向信号场提供的，航向信号中包含 150 Hz 和 90 Hz 两个调制分量，并以它们之间的调制度差 DDM（Difference in Depth of Modulation）予以指示。当 DDM = 0 时（$M_{150} = M_{90}$），表示航向对准，否则，表示航向偏离。系统规定，当飞机沿进近方向偏在航向平面右边时，$M_{150} > M_{90}$；偏在航向平面左边时，$M_{90} > M_{150}$，如图 6-3 所示。

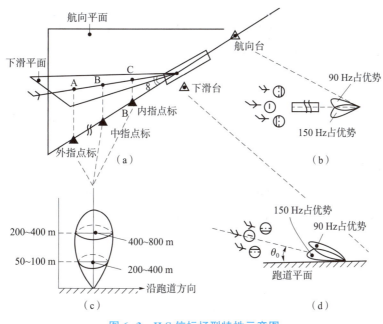

图 6-3 ILS 信标场型特性示意图

2) 下滑引导信息

下滑引导信息是指飞机在进近着陆过程中相对下滑平面的偏离或对准情况信息，以引导飞机沿下滑平面进近着陆。下滑平面是与航向平面正交且和跑道平面夹角等于飞机特定下滑角 θ_0 的倾斜面，该面与跑道平面的交线处在飞机指定着陆区。下滑平面和航向平面的交线即为理想下滑线（或下滑道）。

下滑引导信息是由下滑信标发射的下滑信号场提供的，它和航向信号相类似，是以 150 Hz 和 90 Hz 调制信号的调制度差值 DDM 予以指示。当 DDM = 0 时，表示飞机处在下滑平面上，否则，表示偏离下滑平面。系统规定，当飞机偏离在下滑平面上方时，$M_{90} > M_{150}$；偏离在下滑平面下方时，$M_{150} > M_{90}$。

3) 距离信息

距离信息是指进近着陆的飞机相对跑道入口的距离。仪表着陆系统为飞机提供距离信息，通常是采用指点标方式（在特定的两或三个距离点上分别安装指点信标），这种方式只能提供几个不连续的点，也可配置专用的测距器 DME，这时可以连续提供距离。

航向信息和下滑信息共同构成一个特定的下滑道信息，引导飞机沿下滑道（即航向平面和下滑平面交线）进近着陆，距离信息提供到跑道入口的距离。

3. 主要战术指标

1) 工作频段和波道划分

航向信标的工作频段为 108~111.975 MHz；

下滑信标的工作频段为 328.6~335.4 MHz；

指点信标工作频率为 75 MHz 定点。

航向信标和下滑信标波道划分和配对使用按国军标规定有两种，分别如表 6-2 和表 6-3 所示。

表 6-2　40 个波道航向、下滑频率配对表

序号	航向信标波道/MHz	下滑信标波道/MHz	序号	航向信标波道/MHz	下滑信标波道/MHz
1	108.10	334.70	21	109.90	333.80
2	108.15	334.55	22	109.95	333.65
3	108.30	334.10	23	110.10	334.40
4	108.35	334.95	24	110.15	334.25
5	108.50	329.90	25	110.30	335.00
6	108.55	329.75	26	110.35	334.85
7	108.70	330.50	27	110.50	329.60
8	108.75	330.35	28	110.55	329.45
9	108.90	329.30	29	110.70	330.20
10	108.95	329.15	30	110.75	330.05
11*	109.10	331.40	31	110.90	330.80
12	109.15	331.25	32	110.95	330.65
13	109.30	332.00	33	111.10	331.70
14	109.35	331.85	34	111.15	331.55
15	109.50	332.60	35	111.30	332JO
16	109.55	332.45	36	111.35	332.15
17	109.70	333.20	37	111.50	332.90
18	109.75	333.05	38	111.55	332.75
19	111.70	333.50	39	111.90	331.10
20	111.75	333.35	40	111.95	330.95

表 6-3　20 个波道航向、下滑频率配对表

序号	航向信标波道/MHz	下滑信标波道/MHz	序号	航向信标波道/MHz	下滑信标波道/MHz
1	110.30	335.00	11	108.10	334.70
2	109.90	333.80	12	108.30	334.10
3	109.50	332.60	13	108.50	329.90
4	110.10	334.40	14	108.70	330.50
5	109.70	333.20	15	108.90	329.30
6	109.30	332.00	16	111.10	331.70
7	109.10	331.40	17	111.30	332.30
8	110.90	330.80	18	111.50	332.90
9	110.70	330.20	19	111.70	333.50
10	110.50	329.60	20	111.90	331.10

2）覆盖区

（1）航向覆盖区（均以天线阵中心起算，跑道中心延长线为基准）。

前航道线左右 10°（或 110°）扇区，径向距离为 46.3 km；前航道线左右 10°~35°区，径向距离为 31.5 km；提供左右 35°以外的覆盖区，则径向距离为 18.5 km。

在上述扇区内垂直覆盖通常是跑道平面和倾角为 7°平面所限定的区域。

航向覆盖区示意图如图 6-4（a）所示。

（2）下滑覆盖区。

仰角范围为（0.45~1.75）θ_0（θ_0 为理想下滑角）；

航向范围为±8°；径向距离不小于 18.5 km；

下滑覆盖区示意图如图 6-4（b）所示。

（3）指点标覆盖区。

指点标辐射的信号场形是一个垂直地平面的锥形，在离地高度为 50~100 m 时，水平截面纵向宽度（沿跑道中心延长线方向）范围为 200~400 m；在离地高度为 200~400 m 时，纵向宽度范围为 400~800 m。

3）航道和下滑道准确度

（1）航道准确度。

航道准确度系指航向信标台实际提供的航道（最靠近跑道中心线延长线 DDM=0 的点的轨迹）和跑道中心线延长线对准的程度。因为实际提供的航道不可能是一条理想直线，所以在定量表达时均以统计平均航道代表实际航道，并在基准数据点 R 处（理想下滑线上离地面高为 15 m 的一个特定点 R）观察其与跑道中心延长线的偏离程度。国军标规定，对于 Ⅰ 类航向信标提供的平均航道线在基准数据点 R 处偏离跑道中心线的横向位移距离不大于 10.5 m；对于 Ⅱ 类航向信标提供的平均航道线在基准数据点 R 处偏离跑道中心线的横向位移距离不大于 4.5 m。另外，实际航道线弯曲必须限定在表 6-4 列出的范围内。

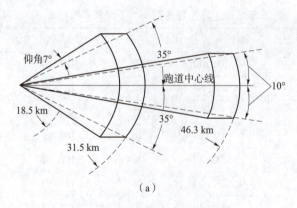

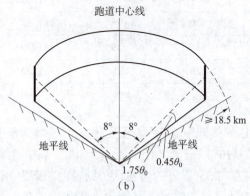

图 6-4 ILS 覆盖区示意图

(a) 航向覆盖区；(b) 下滑覆盖区

表 6-4 航道准确度

区限 \ 参数限	DDM 值（95%概率）			
	I 类		II 类	
	航向道	下滑道	航向道	下滑道
从覆盖区边缘到 A 点	≤0.031	≤0.035	≤0.031	≤0.035
从 A 点到 B 点	由 0.031 线性下降到 0.015	≤0.035	由 0.031 线性下降到 0.005	由 0.035 线性下降到 0.023
从 B 点到 C 点	≤0.015	≤0.035	≤0.005	从 B 点到 R 点≤0.023

(2) 下滑道准确度。

标称下滑角 θ_0 通常定为 3°，但要求下滑角在 2°~4°范围内可选择，即在此范围可调整。

下滑信标实际提供的下滑角应确保在 $\theta_0 \pm 0.75\theta_0$ 范围内（θ_0 为选定的标称下滑角），在基准数据点 R 处观察，I 类设备下滑道的高度为 15 m±3 m，II 类设备下滑道的高度为 15 m±3 m。下滑道弯曲要限定在表 6-4 列出的范围内。

4）位移灵敏度

（1）航向位移灵敏度。

在半航道扇区（由跑道中心线到航向覆盖区边缘）内，以基准数据点 R 处为观测参考点，其额定位移灵敏度为 0.001 45DDM/m。从前航道线 DDM=0 到航道线两边处 DDM=0.180 的范围内，角位移和 DDM 的增加应为线性关系，从这两边到左右 10°，DDM 值应不小于 0.180，从左右 10°~35°范围内，DDM 应不小于 0.155，若是供 35°以外覆盖，则 DDM 应不小于 0.155。

（2）下滑位移灵敏度。

对于Ⅰ类设备，在指定下滑角 θ_0 的上方和下方，角位移在（0.07~0.14）θ_0 范围内，DDM 应为 0.087 5。对于Ⅱ类设备，角位移灵敏度应尽可能做对称，在下滑道下方（0.02~0.12）θ_0 范围内和在下滑道上方（0.12+0.05~0.12-0.02）θ_0 范围内，其调制度差 DDM 应为 0.087 5。

4. 基本结构及原理

仪表着陆系统由地面信标设备组合和机载设备组合两大部分组成。地面信标设备组合通常包括三类信标，在配备测距系统 DME 时（兼顾着陆和航路两个方面距离，以航路距离为主，所以通常在提及仪表着陆系统时，不含 DME），还附加测距应答信标（通常架在航向信标附近）。

1）下滑信标（GS）

下滑信标 GS 或 GLS（Glide-Slope）给出下滑平面，下滑平面依据等信号原理构成，下滑信标天线同时辐射由 90 Hz 和 150 Hz 调幅的超高频信号，波束如图 6-5 所示。

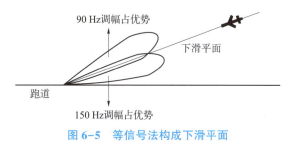

图 6-5 等信号法构成下滑平面

ILS 系统

当飞机在下滑平面上时，90 Hz 和 150 Hz 调幅度之差等于零，机载设备不输出偏离信号；当飞机在下滑平面上方时，90 Hz 调幅占优势，机载设备输出与 90 Hz 调幅占优势时相同的偏离信号；当飞机在下滑平面下方时，150 Hz 调幅占优势，机载设备输出与 90 Hz 调幅占优势时相反的偏离信号。根据偏离信号的大小和极性，即可判断飞机是否偏离规定的下滑线以及偏离的方向和程度。

（1）零基准下滑信标台工作原理。

下滑信标台产生等信号区的方法有多种，下面介绍一种用于Ⅱ类着陆的零基准下滑信标台的工作原理。图 6-6 所示为零基准下滑信标台的基本组成。

载频产生及放大部分，产生并输出在 329.15~335 MHz 符合规定波道的载频信号，该信号经调制器Ⅰ、Ⅱ后输出被 90 Hz 和 150 Hz 调幅的信号。

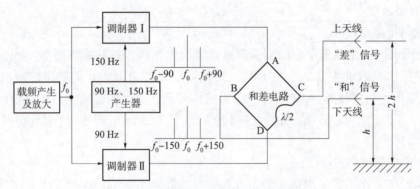

图 6-6 零基准下滑信标台的基本组成

和差电桥每臂可将超高频信号移相 180°，其中 CD 臂多接入一个 $\lambda/2$ 线，比其余三个臂多移相 180°。被 90 Hz 调幅的信号经 AB 臂向下天线馈电，被 150 Hz 调幅的信号经 DB 臂也向下天线馈电，它们皆被移相 180°，因此两路调幅信号对下天线是同相馈电（称为"和"信号），下天线信号频谱分量是 f_0、$(f_0±90)$ Hz 和 $(f_0±150)$ Hz。被 90 Hz 调幅的信号及被 150 Hz 调幅的信号分别经 AC 臂和 DC 臂向上天线馈电，由于 DC 臂比 AC 臂多移相 180°，故两调幅信号对上天线是反相馈电（称为"差"信号），其结果是载频分量 f_0 被抵消，只存在四个边频分量 $(f_0±90)$ Hz 和 $(f_0±150)$ Hz，因为上天线的 $(f_0±150)$ Hz 边频分量比 $(f_0±90)$ Hz 边频分量多移相 180°，如果要画出它们的频谱，这两对边频分量应分别位于水平坐标的上、下方。由于地面反射的影响，在垂直面上，上天线是多瓣辐射，如图 6-7 的实线图形所示。

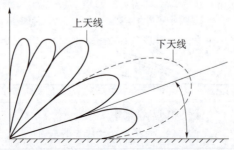

图 6-7 下滑天线垂直面内方向图

当上天线的架设高度等于下天线架设高度的 2 倍时，可使下天线辐射的最大值与上天线第一、二波瓣间的零辐射方向重合，从而构成下滑角 θ_0。现将上天线的第一、二波瓣和下天线的垂直面上的方向图及辐射信号的频谱画在图 6-8（a）中，并通过它来讨论飞机下滑角为不同值时，零基准下滑信标对机上设备的作用。

图 6-8 中的 θ_0 是规定下滑角，当飞机的实际下滑角等于 θ_0 时，上天线为零辐射，将这种下滑信标命名为零基准，此时只存在下天线的辐射，90 Hz 和 150 Hz 的调幅度相等，调制度差 DDM 等于零，机载设备不输出偏离信号；当飞机的实际下滑角大于 θ_0 时，在接收点处，上天线第二波瓣辐射场的 $(f_0±90)$ Hz 边频分量与下天线辐射场的 $(f_0±90)$ Hz 边频分量同相，叠加后使 90 Hz 调幅度增大，而该处上天线第二波瓣的 $(f_0±150)$ Hz 边频分量与

下天线辐射场的 $(f_0 \pm 150)$ Hz 边频分量反相,叠加后使 150 Hz 调幅度减小,出现 90 Hz 调幅占优的情况,即 $M_{90} > M_{150}$,机载设备输出偏离信号;当飞机实际下滑角小于 θ_0 时,根据对上天线第一波瓣及下天线辐射信号频谱的分析可知 150 Hz 调幅占优势,即 $M_{150} > M_{90}$,机载设备输出相反极性的偏离信号。对于理想地形,当上天线距离地面的高度在 7.37~10.27 m 范围调整时,规定下滑角 θ_0 可在 2.5°~3.5°变化。

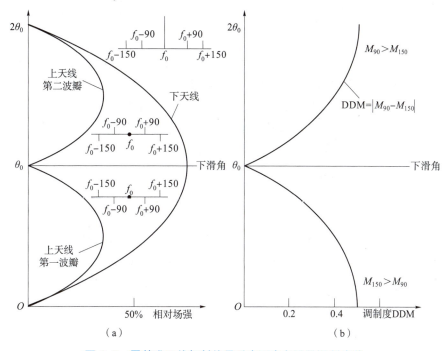

图 6-8 零基准天线辐射信号垂直面方向图及调制度差

(a) 垂直面方向图;(b) 调制度差

(2) 下滑信标接收机。

下滑信标接收机是下滑信标的机载设备,其组成框图如图 6-9 所示。

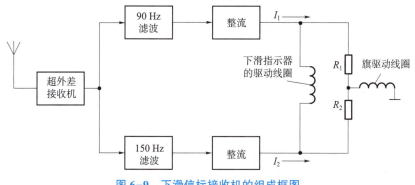

图 6-9 下滑信标接收机的组成框图

超外差接收机对所接收的下滑信号经放大、变频、检波,输出 90 Hz 和 150 Hz 的滤波,经各自的滤波电路将它们分离,再通过整流,输出直流电流。下滑指示器的驱动线圈接在两通道整流电路的输出端,I_1、I_2 反向流过它。

飞机在规定下滑线上时，$M_{90}=M_{150}$，$I_1=I_2$，下滑指示器指针不偏转；飞机在规定下滑线的上方时，90 Hz 调幅占优势，$M_{90}>M_{150}$，$I_1>I_2$，下滑指示器指针偏转；飞机在规定下滑线的下方时，150 Hz 调幅占优势，$M_{150}>M_{90}$，$I_2>I_1$，下滑指示器指针向相反方向偏转。

整流电路的输出电流取决于调幅度和载波信号强度，调幅度增大或载波信号增强，皆使整流电路输出电流增大。在着陆过程中，飞机与下滑信标台的距离越来越近，载波信号强度越来越大，为使下滑偏离指示只与调制度差有关，机载设备应有较强的自动增益控制能力。

机载设备的工作是否可靠，可从两个方面进行监视：第一，可在整流电路的输出端接一个"旗"电路。I_1、I_2同方向流过旗驱动线圈，在工作正常时，流过线圈的电流足够大，驱动"旗"使之不显露，表示工作正常；若90 Hz 或 150 Hz 信号有任一消失，以及载波幅度降低到一定水平时，皆会使I_1、I_2明显变小，流过旗驱动线圈的电流驱不动"旗"，"旗"便显露出来，代表工作不正常。第二，设置一个测试电路，当按下测试按钮时，便有一个具有特定调幅度差的调幅信号加到有关电路，此时，若设备工作正常，下滑指示器的指针偏转值应符合要求，否则为不正常。

2）航向信标（LOC）

航向信标（LOC）是提供航向信号的发射设备，架设在飞机着陆跑道入口相对的另一个端头，其天线阵中心应在跑道中心线延长线上。在单向或单向为主的着陆跑道上，只架设一个航向台即可，如要能实现双向着陆引导，必须分别在跑道两头各架设一个航向台，但使用时只能开通一个航向台。

（1）航向信标台。

零基准航向信标也采用和信号、差信号的工作方式。由图 6-10 可以看出，航向信标台的组成与下滑信标台基本相同。航向信标台采用直线天线阵，天线阵由 14 个或 24 个对数周期偶极子天线组成，其中心线与跑道轴线重合。振子的馈电按以下方式给出，同相电流对所有振子馈电，用以产生最大值指向跑道轴线的单瓣方向图，如图 6-11 中的虚线图形所示；边频信号，以跑道轴线为界馈给两边振子的相位相反，用于形成零值辐射指向跑道轴线的两瓣方向图，如图 6-11 中的实线图形所示。

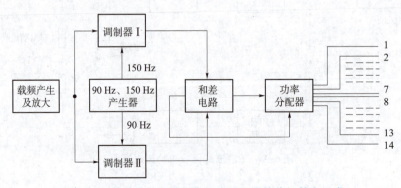

图 6-10 零基准航向信标台组成及下滑接收机基本组成

类似于对下滑信标的分析，可得以下结论：在航向平面上，$M_{90}=M_{150}$，机载接收机输出的 90 Hz 和 150 Hz 整流电流相等，不产生偏离信号；偏离航向平面时 $M_{90} \neq M_{150}$，飞机偏离的方向，90 Hz 调幅占优势或 150 Hz 调幅占优势，产生不同极性的偏离信号。

（2）航向接收机。

航向接收机与下滑接收机的组成及工作原理基本相同，只是其工作频率在 108～112 MHz 范围。

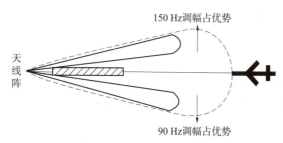

图 6-11　零基准航向信标台在水平面上的方向性

3）指点信标（MK）

（1）指点信标台。

指点信标台是一个甚高频发射机，它的工作频率为 75 MHz。指点信标是提供定点距离信号的发射设备，架设在着陆入口端一边跑道中心延长线上，通常按距入口端的距离远近分为远、中、近三个，对应下滑道上三个特定点。不同的指点信标载频相同，用不同识别信号识别，要实现双向引导，也需要在跑道两端分别架设。

指点信标台的天线是水平振子，由地面向上方辐射一个无线电波束。图 6-12 所示为指点信标俯视方向图。为了向飞机较准确地提供指点信标台安装位置的信息，沿跑道方向，天线方向图较窄；为使飞机稍偏离跑道时也能收到指点信标信号，在垂直于跑道的方向上，天线方向图较宽。

图 6-12　指点信标俯视方向图

指点信标台的基本组成如图 6-13 所示，各指点信标台采用一个固定的调制频率和一种键控信号，以供飞行员识别，其配置如表 6-5 所示。

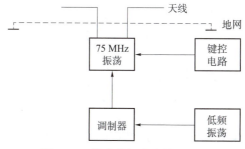

图 6-13　指点信标台的基本组成

表 6-5 指点信标台的配置

指点信标台	音频调制频率/Hz	码	机上灯光显示
远	400	每秒两划	蓝色
中	1 300	每 2/3 s 一个划、点	黄色
近	3 000	每秒六个点	白色

(2) 信标接收机。

信标接收机的组成框图如图 6-14 所示,所接收的指点信标台信号(75 MHz)经高频放大、检波和低放后分别输出识别音频信号和灯信号,灯信号有 3 个输出通道,当飞机通过远、中、近指点信标台上空时,不同颜色的灯分别点亮。

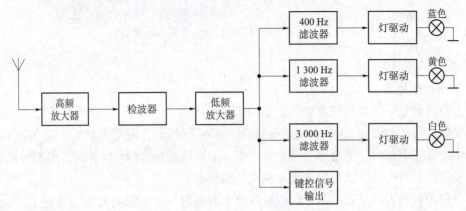

图 6-14 信标接收机的组成框图

4) ILS 偏离指示

航向和下滑偏离可用如图 6-15 所示的双针指示器指示。在这个指示器中垂直指针反映飞机对规定航向的偏离,水平指针反映飞机对规定下滑角的偏离。当飞机在下滑线上时,机载航向和下滑设备皆无偏离信号输出,水平指针与垂直指针皆指示在中间位置,双针相互垂直。在飞行中操纵飞机,保持双针指示器的双针相互垂直,即表明飞机是沿着 ILS 的规定下滑的。

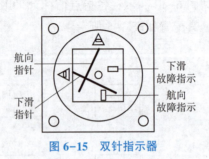

图 6-15 双针指示器

目前多将航向和下滑偏离指示组合在 HSI 中。图 6-16 所示为水平位置指示器面板。当工作于 ILS 模式时,HSI 面板左方的 GS 指针及刻度用来指示下滑偏离;HSI 的偏差杆及刻度用于指示航向偏离。下滑和航向偏离的刻度相对于中心各偏指两个点的含义及偏离指示如图 6-17 和图 6-18 所示。

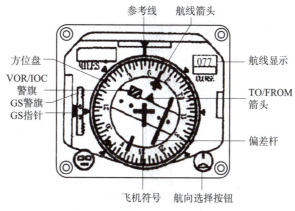

图 6-16　水平位置指示器面板

在图 6-17 中，规定的下滑角等于 2.75°，当飞机在下滑平面上时，GS 指针指示中点；飞机向上偏离规定下滑角 0.7°时，GS 指针向下偏指两个点；飞机向下偏离规定下滑角 0.7°时，GS 指针向上偏指两个点。每偏指一个点，飞机偏离规定下滑角 0.35°，所对应的偏离距离与飞机高度有关：当高度为 60 m 时，约偏离 8.5 m；当高度为 30 m 时，约偏离 4.25 m。

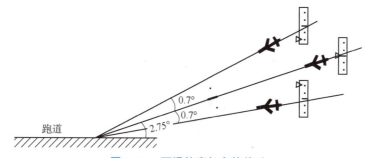

图 6-17　下滑偏离与点的关系

在图 6-18 中，当飞机在航向面上时，偏差杆指在中间位置；飞机向右偏离航向平面 2°（对于长跑道）或 2.5°（对于短跑道）时，偏差杆向左偏指两个点；飞机向左偏离航向平面 2°或 2.5°时，偏差杆向右偏指两个点。

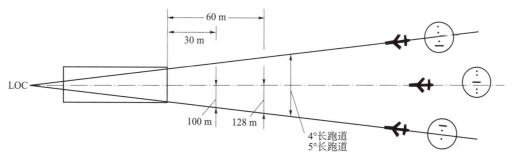

图 6-18　航向偏离与点的关系

下滑平面和航向平面垂直相交,将空间分为4个区域,在这4个区域中,只在由规定下滑角±0.7°和规定航向角±2°(或±2.5°)所围成的空间内,指针的偏离量才与飞机的实际偏离角成比例,超出这个范围是 ILS 偏离与飞机偏离不成比例的区域。占优势的调幅信号、偏离指示的情况以及 ILS 偏转成比例的区域表示在图 6-19 中。

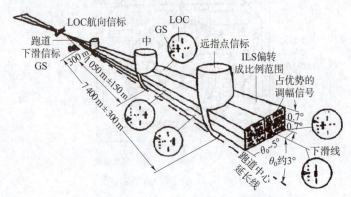

图 6-19　ILS 偏转成比例区域及偏离指示

【学习研讨】

背景描述	双信标着陆系统属于非精密着陆引导系统,它能够给降落飞机的飞行员指出着陆航向和在某几个点上指出到跑道始端的距离,却不能给出下滑平面。在垂直面上的飞行控制是由信标无线电指向台和飞机高度表来实现的
讨论主题	查阅资料,了解双信标着陆系统的工作原理
成果展示	小组讨论,以文字、语言描述或数字化方式展示讨论成果。 简要列出汇报大纲:
任务反思	1. 学到的知识点有哪些? 2. 你对自己在本次任务中的表现是否满意?写出课后反思。

【学习评价】

专业知识	能力提升	职业素养	评价结果
内容全面且组织有条理：准确描述仪表着陆系统的相关知识	能采取多种方式收集信息、解决问题，进行分析和总结	有很好的团队合作意识，积极交流沟通与分享	优秀□
内容比较全面且组织比较有条理：较为准确描述着陆系统的概述的相关知识	能较好地收集信息、解决问题，分析和总结比较到位	有较强的团队合作意识，交流沟通和分享能力较好	良好□
内容不全面且组织条理不清晰：简单描述着陆系统的概述的相关知识	不能全面地收集信息、解决问题，分析和总结的能力还需提升	团队合作意识不够，缺少交流沟通和分享能力	一般□

学习单元三　微波着陆系统（MLS）

【情境导入】

随着民用航空事业的飞速发展和空中交通量的剧增，仪表着陆系统逐渐暴露出了自身存在的一些缺点和局限性，世界各发达国家于20世纪六七十年代先后研制出几十种新型着陆系统。1978年，ICAO确认了时间基准波束扫描技术体制的微波着陆系统作为国际标准着陆系统。

【学习目标】

（1）掌握MLS系统的结构和原理；
（2）掌握MLS系统的特性；
（3）具有分析MLS系统特性的能力；
（4）培养学生拥有正确的世界观与价值取向；
（5）培养学生的爱国主义精神和严谨的科学精神；
（6）树立脚踏实地、肩负责任、艰苦奋斗的工匠精神；
（7）培养学生爱岗敬业、团结协作的当代航空精神。

【知识导航】

1. 微波着陆系统的由来

微波着陆系统（Microwave Landing System，MLS）是20世纪60年代后期发展起来的一种工作于微波波段的飞机进场着陆系统。几十年来，人们做了很大努力来改进广泛应用的仪表着陆系统（ILS）的性能，并取得了较满意的结果，然而这种努力并未从根本上改变它的弱点，其主要为：

（1）它是以固定波束方式形成等信号区来给着陆飞机提供下滑航线，下滑角不能随着陆飞机的要求而改变。为此，被引进的飞机只能一架接一架地按单一航道直线进场，对于下滑率较高的短距起落与垂直起落飞机就无法引导。

（2）信号覆盖区很小，不能引导飞机做曲线进场或分段进场。

（3）设备工作于超高频至甚高频波段，在既定天线张口尺寸情况下，波束不可能很窄，多径干扰影响严重。

（4）由于仪表着陆系统对安装场地要求苛刻，致使某些场地条件复杂的机场不能安装该系统；此外，系统的安装调整需要相当长的时间，灵活性差。

（5）不能传送着陆需要的附加信息。

（6）地面需要昂贵而复杂的监视设备，并需定期进行飞行测试。

（7）只有40个波道，而且无法再扩展，这对于机场密度大的地区是不够的，不能适应未来航空事业迅速发展的需要。

随着空中交通密度的增加和短距离、垂直起落飞机的使用，ILS的弱点对着陆引导的影响更加明显，需要研制一种性能更完善的新系统来取代它，微波着陆系统便是这样的新系统。

2. 系统结构及原理

自20世纪70年代以来，国外相继提出了多种微波着陆系统方案，经过对比，国际民航组织最终选定美国和澳大利亚的联合方案，即时间基准波束扫描微波着陆系统（Time Reference Scanning Beam MLS，TRSB-MLS）作为取代ILS的国际标准系统。

1）地面设备

时间基准波束扫描微波着陆系统通过测两个角度（方位角、仰角）和一个斜距来确定飞机在空中的位置，其地面设备包括工作于5 031～5 090.7 MHz频段的方位角制导台（AZ）、仰角制导台（EL）、精密测距器（PDME），以及工作于15 400～15 700 MHz频段的拉平制导台（FL）。MLS地面设备的基本配置如图6-20所示。这个配置是一个基本的，根据着陆的要求，地面设备可以有所变化。

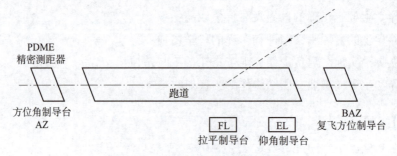

图6-20 MLS地面设备的基本配置

方位角制导台天线一般安装在跑道中心线的延长线上，它辐射一个在水平面上宽约 1°、在垂直面上宽约 30°的扇形波束，该波束在跑道线两侧各 40°（或 60°）的水平面上来回扫描，为着陆飞机提供相对于跑道中心线的方位角引导信息。

仰角制导台的天线安装在跑道一侧的飞机着陆点与跑道端点之间，辐射一个在水平面上宽 80°~120°、垂直面上宽约 1°的扇形波束，该波束沿垂直方向在 1°~30°上下扫描，为着陆飞机提供相对于跑道平面的仰角引导信息。

方位角制导台和仰角制导台的波束扫描如图 6-21 所示。

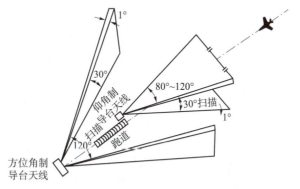

图 6-21　方位角制导台和仰角制导台的波束扫描

MLS 系统

拉平制导台的天线一般配置在仰角制导台天线之后几百米的位置上，辐射一个在水平面上宽 20°（对其中心线而言）、垂直面上宽 0.5°的扇形波束，该波束沿垂直方向扫描，用于在拉平阶段给飞机提供距地面高度的信息。

精密测距器与方位角制导台配置在一起，由精密测距器提供飞机到机场的距离信息，其测距误差应小于 30 m。

反方位角制导台与方位角制导台类似，其扇形方向图在水平面上的宽度为 3°左右，在垂直面上的宽度约为 20°。以跑道中心线为基准，扇形波束在水平面上的扫描范围是 ±20°~±40°，用于给起飞或进场失败复飞的飞机提供方位角制导。

2）MLS 的测角测高原理

MLS 测量方位角、仰角的原理相同，现以方位角制导台为例，说明 MLS 测量飞机方位角的原理。

方位角制导台波束在水平面上约为 1°，该波束在水平面内从跑道一侧 40°（或 60°）开始，以恒速扫描至跑道另一侧 40°（或 60°）方位、停留固定时间 Δt 后，又向相反的方向扫描，如此重复，如图 6-22 所示。在波束扫描的空间区域内，若有一架能接收到方位角制导台信号的飞机，那么当波束从起始位置扫描至飞机方位时，机载接收机将收到一个脉冲信号，将这一脉冲信号称为"去"脉冲；当波束从另一端回扫至飞机方位时，机载接收机又收到一个脉冲信号，将这一脉冲信号称为"来"脉冲。由于波束扫描速度很快（20 000°/s），每一次来回扫描所需时间及加上波束在两端停留时间 $2\Delta t$ 不会超过几十毫秒，在这几十毫秒的时间内，可认为飞机的位置未发生变化。

在这一前提下，飞机相对于跑道的方位角 θ 可由以下公式确定，即

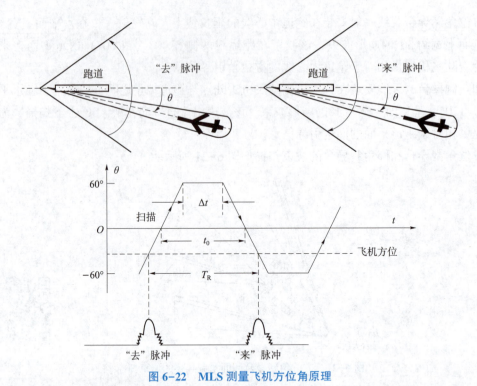

图 6-22　MLS 测量飞机方位角原理

$$\theta = \frac{T_R - t_0}{2K} \tag{6-1}$$

式中，T_R 为"去""来"脉冲的时间间隔；t_0 为飞机处于跑道方位时，"去""来"脉冲的时间间隔；$2K$ 是由扫描速度决定的刻度因子，在方位角制导台和仰角制导台中，其值皆为每度 100 μs。由于式（6-1）中的 t_0、$2K$ 皆为已知值，测出 T_R 即可算出 θ。

拉平制导台的测高原理可在测角的基础上阐明。如图 6-23 所示，拉平制导台扇形波束沿垂直面扫描，按照前述的测角原理测出飞机相对于地平面的仰角 θ，根据公式

$$h = h_0 + d \cdot \tan \theta \tag{6-2}$$

即可求出飞机距地面的高度 h。式中，h_0 为拉平制导台天线相位中心距地面的高度；d 为拉平制导台与跑道中心线的距离，h_0 与 d 皆为已知值。

在上述窄波束扫描的空间范围内（方位角±40°或±60°，仰角30°），飞机所在点的角坐标与"来""去"脉冲的时间间隔成比例，这一空间范围称为 MLS 覆盖区，又称比例覆盖区。方位角、仰角扫描窄波束辐射的信号称为比例引导信号，MLS 机载设备接收到这样的信号即可确定飞机相对于跑道的精确方位和仰角。

3）机载设备

MLS 机载设备的组成框图如图 6-24 所示。

天线部件用于 MLS 信号的接收和传输，在飞机的前部、后部各装有一个，可实现 360°的覆盖。接收处理部件将天线输来的微波信号经两次混频变为中频，经放大和检波后对其进行处理，在比例覆盖区内，接收机输出"来""去"脉冲信号，并通过处理器检测出飞机的角位置。

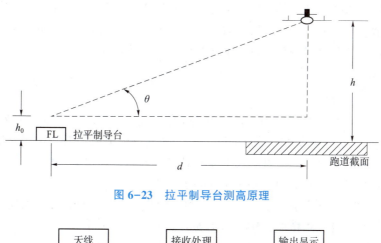

图 6-23 拉平制导台测高原理

图 6-24 MLS 机载设备的组成框图

控制部件具有 MLS 波道选择、方位角选择、下滑角选择等功能。波道选择用于在 MLS 的 200 个波道中选择欲接收的地面台；方位角、下滑角选择用于选择一个着陆方位径线和下滑角，以适应不同机型之需，如图 6-25 所示。

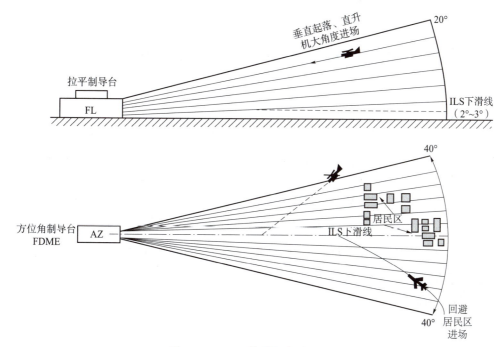

图 6-25 MLS 着陆角度引导控制

当所选角度送入接收处理部件后，可为指示器提供一个基准，该基准与实际测得的 MLS 方位角、仰角数据比较后，给出飞机相对于所选方位角、仰角的偏差指示，从而引导飞机灵活着陆。控制部件还具有检测控制及识别信号音量控制等功能。

3. 系统特性

MLS 具有以下主要特点：

（1）比例覆盖区大。MLS 与 ILS 方位角和仰角比例覆盖区的对比如图 6-26 所示。

在 MLS 的覆盖区内可选择所需的下滑角度，可进行扇形或转弯式进场，适用于各种进场航线，这就为着陆时绕过居民点，减小噪声对居民区的影响和避开某些高层建筑、障碍物提供了可能，在直升机的着陆中，MLS 也获得了应用。

（2）MLS 工作于微波波段，允许采用合理的天线尺寸形成窄脉冲，采用窄脉冲工作可减少多路径干扰和提高测角精度，MLS 对场地的要求也比 ILS 低。

（3）MLS 的大覆盖范围以及多达 200 的波道数，能容纳更多的用户。

（4）MLS 采用多路时分体制的信号格式，且组合灵活，允许装有简单或复杂机载设备的飞机，使用不同等级的地面配置机场进行着陆。

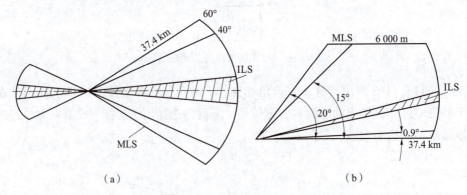

图 6-26　MLS 与 ILS 方位角和仰角比例覆盖区的对比
（a）方位角；（b）仰角；

【学习研讨】

背景描述	仪表着陆系统作为基本的着陆引导系统，在全世界广泛应用于所有民用机场和大量军用机场。但由于 ILS 固有的体制特性，决定其存在一些缺点，比如 ILS 进场扇形覆盖面较窄，使飞机只能沿中心线直线进场，不能采用曲线、折线进场等
讨论主题	查阅资料，了解微波着陆系统相对于仪表着陆系统的优点
成果展示	小组讨论，以文字、语言描述或数字化方式展示讨论成果。 简要列出汇报大纲：

续表

任务反思	1. 学到的知识点有哪些？ 2. 你对自己在本次任务中的表现是否满意？写出课后反思。

【学习评价】

专业知识	能力提升	职业素养	评价结果
内容全面且组织有条理；准确描述微波着陆系统的相关知识	能采取多种方式收集信息、解决问题，进行分析和总结	有很好的团队合作意识，积极交流沟通与分享	优秀□
内容比较全面且组织比较有条理；较为准确描述微波着陆系统的相关知识	能较好地收集信息、解决问题，分析和总结比较到位	有较强的团队合作意识，交流沟通和分享能力较好	良好□
内容不全面且组织条理不清晰；简单描述微波着陆系统的相关知识	不能全面地收集信息、解决问题，分析和总结的能力还需提升	团队合作意识不够，缺少交流沟通和分享能力	一般□

模块七
通信的认知

在人类实践过程中随着社会生产力的发展对传递消息的要求不断提升,使人类文明不断进步。在各种各样的通信方式中,利用"电"来传递消息的通信方法称为电通信,这种通信具有迅速、准确、可靠等特点,且几乎不受时间、地点、空间、距离的限制,因而得到了飞速发展和广泛应用。

对于这种看不到、摸不着的无线电波,其传播特点以及收发知识你了解吗?如何利用电离层来反射、折射无线电波,让我们一起来掌握无线电通信的知识吧。

学习单元一　通信的基础知识

【情境导入】

人类进行通信的历史已很悠久。早在远古时期,人们就通过简单的语言、壁画等方式交换信息。千百年来,人们一直在用语言、图符、钟鼓、烟火、竹简、纸书等传递信息,古代人的烽火狼烟、飞鸽传信、驿马邮递就是这方面的例子。19世纪中叶以后,随着电报、电话的发明以及电磁波的发现,人类通信领域产生了根本性的巨大变革,实现了利用金属导线来传递信息,甚至通过电磁波来进行无线通信,使神话中的"顺风耳""千里眼"变成现实。图7-1所示为通信系统的应用。

图7-1　通信系统的应用

【学习目标】

（1）了解通信的概念和分类；
（2）了解航空地空通信系统；
（3）了解无线电波的基础知识；
（4）掌握不同无线电波传播特点；
（5）具有主动学习和思考的能力；
（6）具有潜心钻研技术技能的优良品质；
（7）提升信息化技术应用能力。

【知识导航】

1. 通信的概念

通信的目的是传递各种不同形式的信息，如语言、文字、图像、数据等。广义上来说，通信是指信息从发送者传递到接收者的过程。

无论何种通信，为了实现信息的传递和交换，都需要一定的设备和传输媒质。所谓通信系统是指为实现通信任务所需要的一切设备和传输媒质的总体。图 7-2 所示为通信系统的组成框图。

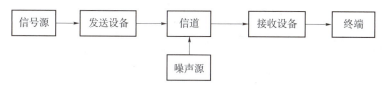

图 7-2　通信系统的组成框图

图 7-2 中，信号源是将原始信号（如语言、文字、图像、数据）转换为电信号的设备。这种电信号通常称为基带信号，常用的信号源有话筒、摄像机、传真机等。

发送设备对基带信号进行处理和变换，以使它适合于在信道中传输。这些处理和变换通常包括调制、放大和滤波等。

信道是指传输媒质，它可以是导线、电缆、空间/电离层等。

接收设备的功能与发送设备相反，它将接收到的电信号进行必要的处理和变换，以恢复原始的基带信号。

终端是将恢复的低频信号转换成相应的原始信息，提供给最终的信息接收者。常见的终端有显示器、扬声器等。

噪声源是噪声的集中表现，散布在系统的各个部分，将对信号产生干扰。

2. 通信的分类

1）按传输媒质分类

有线通信：指传输媒质为导线、电缆、光缆、波导、纳米材料等形式的通信，其特点是媒质能看得见、摸得着。

无线通信：指传输媒质看不见、摸不着（如电磁波）的一种通信形式。

2）按信道中传输的信号分类

模拟信号：凡信号的某一参数（如连续波的振幅、频率、相位，脉冲波的振幅、宽度、位置等）可以取无限多个数值，且直接与消息相对应。模拟信号有时也称连续信号，这个连续是指信号的某一参数可以连续变化。

数字信号：凡信号的某一参数只能取有限个数值，并且常常不直接与消息相对应的，也称离散信号。

3）按工作频段分类

国际上广泛采用的无线电波频段和波段划分如表7-1所示。

通信概述

表7-1 无线电波频段和波段划分

波段		波长	频率	传播方式	主要用途
长波		3 000~30 000 m	10~100 kHz	地波	超远程无线电通信和导航
中波		200~3 000 m	100~1 500 kHz	地波和天波	调幅（AM）无线电广播、电报
中短波		50~200 m	1 500~6 000 kHz		
短波		10~50 m	6~30 MHz	地波和天波	
微波	米波（VHF）	1~10 m	30~300 MHz	近似直线传播	调频（FM）无线电广播、电视、导航
	分米波（UHF）	1~10 dm	300~3 000 MHz	直线传播	移动通信、电视、雷达、导航
	厘米波	1~10 cm	3 000~30 000 MHz		
	毫米波	1~10 mm	30 000~300 000 MHz		

4）按调制方式分类

基带传输：指信号没有经过调制而直接送到信道中去传输的通信方式。

频带传输：指信号经过调制后再送到信道中传输，接收端有相应解调措施的通信方式。

5）按通信双方的分工及数据传输方向分类

对于点对点之间的通信，按消息传送的方向，通信方式可分为单工通信、半双工通信及全双工通信三种。

单工通信是指消息只能单方向进行传输的一种通信工作方式，如广播、遥控、无线寻呼等。

半双工通信是指通信双方都能收发消息，但不能同时进行收和发的工作方式。对讲机、收发报机等都是这种通信方式。

全双工通信是指通信双方可同时进行双向传输消息的工作方式。在这种方式下，双方都可同时进行收发消息。全双工通信的信道必须是双向信道，如普通电话、手机等。

3. 无线电波的传播

1）电磁波的形成与传播

天线是一种能量转换设备，当把射频信号输入天线输入端后，天线将使射频信号所包含的能量辐射到空中，在空中形成电磁波（简称电波）。由于电磁波的交变特性，它可以按照一定的规律向远处扩散，如图 7-3 所示。

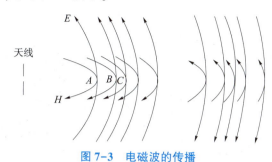

图 7-3　电磁波的传播

2）电波的分布

由于空间电波是由天线中的射频信号形成的，所以其变化规律取决于射频信号的变化规律。需注意的是，电磁波在空间任意一点处其电场向量（实线箭头）与磁场向量（虚线箭头）始终是垂直的，并且二者又都与传播方向垂直，如图 7-4（a）所示。

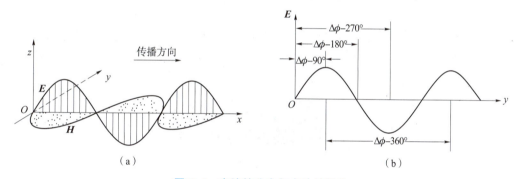

图 7-4　电波的分布与电波的相位
（a）电波的分布；（b）电波的相位

3）电波的相位

在电波的传播途径中，一个波长范围内电场强度是不同的。某点场强的大小、方向和变化趋势的瞬时状态叫作电波的相位。习惯上用角度来表示电波的相位，叫作电波的相位角，通常用 ϕ 表示，如图 7-4（b）所示。两点之间的相位之差叫作相位差。

4）电波的传播方向

空间电波的电场向量 E 和磁场向量 H 以及电波的传播方向是垂直的，这种电磁波称为横电磁波，它的传播方向用右手螺旋法则进行判断，如图 7-5 所示。右手四指指向电场向量方向，再使四指弯曲朝向磁场向量方向，则拇指方向就是电波传播方向。

5）电波的传播速度

电波在真空中的传播速度等于光速 $c（c=3\times10^8 \text{ m/s}）$。在均匀媒质中，电波的传播方向和速度都是恒定的，空气可以认为是近似均匀的媒质。

6）电波的极化

电磁场的电场强度向量在垂直于传播方向的平面内随时间变化的方式称为电波的极化。电波的电场强度向量方向称为极化方向。

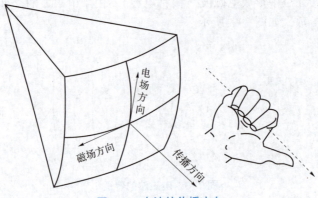

图 7-5 电波的传播方向

4. 在不均匀媒质中电波的传播

当电波在不均匀媒质中传播时，不仅电波的传播速度会发生变化，而且传播方向也会改变，产生反射、折射、绕射和散射现象。

1) 反射

电波在经过不同媒质交界面时会产生反射现象，尤其是遇到一些金属或其他导体时，电波的能量几乎全部被分界面所反射，电波频率越高，反射越强，如反射面远大于波长时，反射线与入射线及法线处于同一平面，如图 7-6 所示。

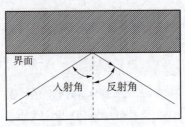

图 7-6 电波的反射

2) 折射

电波由一种媒质进入另一种媒质时，除了在分界面上产生反射外，还会发生折射现象，如图 7-7 所示。

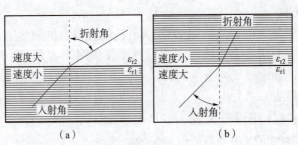

图 7-7 电波的折射

(a) $\varepsilon_{r1} > \varepsilon_{r2}$；(b) $\varepsilon_{r1} < \varepsilon_{r2}$

由于电波在不同媒质中传播速度不同，经过交界面时电波传播方向会发生偏转。当电波由传播速度小的媒质进入传播速度大的媒质时，折射角大于入射角，如图 7-7（a）所示；反之，当电波由传播速度大的媒质进入传播速度小的媒质时，折射角小于入射角，如图 7-7（b）所示。

3）绕射

电波遇到障碍物时，有时能绕过障碍物继续前进，这种现象称为绕射。由于电波具有绕射能力，所以它能够沿起伏不平的地面传播，如图 7-8 所示。电波的绕射能力与波长有关，波长越长，绕射能力越强，传播距离越远。

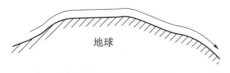

图 7-8　电波的绕射

4）散射

在大气对流层中有时会有一些尺寸很小且不均匀的尘埃和小水滴，当电波遇到这些微粒时，就会向四面八方散射，这就是散射现象。

5. 无线电波的传播方式

电波在大气层中传播，由于本身的频率不同以及地面和电离层对它的不同影响，形成了不同的传播方式，如图 7-9 所示。

1）天波

电波由发射天线向空中辐射，被电离层反射后到达接收点，这种靠电离层的反射传播的电波称为天波，如图 7-9（a）所示。

2）地波

沿地球表面传播的电波称为地波或表面波，如图 7-9（b）所示。这时电波是紧靠着地面传播的，地面的性质、地貌、地物等的情况都会影响着电波的传播。

3）空间波

空间波包括直达波和地面反射波。电波沿视线直接传播至接收点的电波称为直达波；经地面反射后到达接收点的电波称为地面反射波，如图 7-9（c）所示。空间波在大气层的底层传播，传播的距离受到地球曲率的影响。

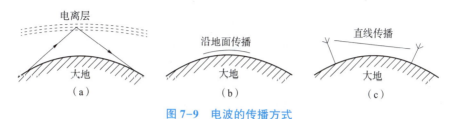

图 7-9　电波的传播方式
(a) 天波；(b) 地波；(c) 空间波

6. 各波段电波的传播特点

1）超长波和长波。

从频段的角度来命名，超长波和长波分别称为甚低频和低频。由于波长较大，频率较低,超长波和长波的绕射能力很强,而且地面的吸收也很小,所以超长波和长波以地波的方式可以传播很远的距离。除地波方式外,超长波和长波还能够通过电离层的折射,以天波方式传播,这是因为在白天电波在 D 层就被折射,穿入电离层深度较浅,被电离层吸收的能量也较少;在夜间,由于电离层的 D 层消失,电波被 E 层折射。经过电离层和地面之间的多次反射,电波可传播很远的距离,信号也较稳定。

对于超长波信号来讲,地球表面相当于一个良好的导电面,而电离层相当于一个良好的导体,电波在地球表面和电离层之间往复反射,如同微波在金属波导管中传播的情形,因此超长波是以波导模方式向远处传播的。

2) 中波

由于中波的波长较长波小,因此其地波的传播距离比长波近。除了以地波的方式传播外,中波也可以天波的方式传播。在白天,中波穿透 D 层,并深入 E 层才能被电离层反射,其能量被电离层吸收较大,所以在白天中波通常不能以天波方式传播;在夜间,D 层消失,E 层电子密度减小,电离层对中波能量的吸收也大为减少,因此在夜间中波的天波可以比地波传播得更远,这也是收音机在夜间比白天收到的电台多的原因。

中波的传播方式是以地波为主、天波为辅,与长波和超长波一样,它也具有稳定可靠的特点,而且所需的天线比长波要小,发射设备也较为简单,因此在民用广播和中程无线电导航中得到广泛应用。

3) 短波

(1) 地波传播形式。

短波的地波传播通常采用辐射垂直极化波的垂直天线,从图 7-10 中可以清楚地看出。频率越高地波的衰减越大,即使用 1 kW 的发射功率,陆地上的传播距离也仅为 100 km 左右,因此这种传播方式不宜用作无线电广播远距离通信。

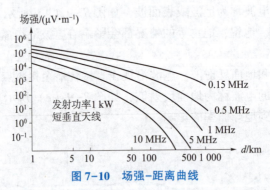

图 7-10 场强-距离曲线

(2) 天波传播形式。

对短波来讲,天波的传播较地波传播具有更重要的意义。因为电离层对短波的吸收比中、长波的吸收要小得多,因此短波可以利用天波传播很远的距离;另外,短波通信系统的发射天线尺寸和发射机功率都较小,成本较低,因而短波通信在无线电通信领域中得到广泛应用。但是利用短波进行通信也有一些缺点,主要表现在:

① 多径传播。在远距离的短波通信中,为获得较小的传播衰减,需要精心选择传播模式,在图 7-11 中我们可以看到短波线路上可能出现的传播模式。电波通过若干路径或者不

同的传输模式到达接收端，称为多径传播。由于短波真有多径传播的特点，因此到达接收端的时间也不同。电波在同一方向沿不同路径传播时，到达接收端同一脉冲的各射线间最大的允许时延差值称为多径时延。多径时延将严重地影响短波通信质量。

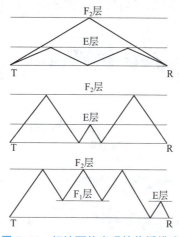

图 7-11　短波可能出现的传播模式

② 衰落。在短波通信中，即使在电离层的平静时期，也不可能获得稳定的信号。这种在接收端信号振幅呈现忽大忽小的随机变化现象称为"衰落"。

根据衰落持续的时间，衰落分为快衰落和慢衰落。持续时间仅为几分之一秒的衰落称为快衰落；持续时间较长的衰落称为慢衰落，慢衰落的持续时间有时达 1 h 甚至更长。根据衰落产生的原因，衰落又可以归纳为以下三种：

a. 干涉衰落。由于短波的多径传播，到达接收点的射线不是一根而是多根，这些射线通过不同的路径，到达接收点的时间不同，遭受的衰减也不同，因此幅度不等；加之电离层的电子密度不稳定，即便同时到达接收点的同一信号之间也不能保持固定的相位差，使合成的信号振幅随机起伏。这种衰落是由于到达接收点的若干信号相互干扰造成的，故称为干涉衰落。

b. 吸收衰落。吸收衰落主要由于电离层吸收的变化引起的，因此它有年、月、季节和昼夜的变化。电离层中的 D 层称为"吸收层"，在白天，由于紫外线较强，D 层的电子密度较大，不仅把中波的能量全部吸收，而且也吸收了短波的大部分能量，致使通信中断。除正常的电离层变化规律外，太阳黑子的活动往往也会引起吸收衰落，主要是由于极强的 X 射线和紫外线的辐射引起了电子密度的增大。

c. 极化衰落。被电离层反射后的短波，其极化方向已不再和发射天线辐射时的相同。发射到电离层的线极化波，经电离层的反射后，由于地磁场的作用，分为两条椭圆极化波，接收天线所接收的信号强度将随椭圆极化波的极化方向变化而变化，这就是产生极化衰落的原因。

总之，衰落的产生原因多种多样，表现为接收的短波信号幅度极不稳定，直接影响信号的通信质量，"衰落"现象是短波通信的重要特点。

③ 静区。在短波波段，如果使用较高的频率进行通信时，会产生静区，如图 7-12 所

示。发射点 A 发射的地波，只能传播到 B 点；A 点发出的天波，只有入射角较大的电波才能够反射回地面，所以只能到达 C 点或更远的区域。因此在天波传播越过了而地波传播又未到达的这段区域内，接收机接收不到短波信号，这样的区域称为静区。如果飞机处于静区，则地空双方将无法通信，这时应降低发射机的工作频率，避免接收方处于静区。

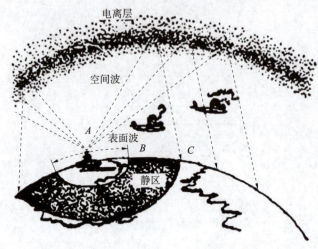

图 7-12　静区的形成

综上所述，短波传播的主要特点是：地波衰减快，天波不稳定。

4）超短波

超短波由于频率较高，因而地波衰减很快，加之天波一般都会穿透电离层不能折回地面，所以它主要以空间波进行传播，其有效传播距离一般限于视线范围。由于超短波传播受天电干扰小，其信号较稳定，而且保密性好，因而广泛应用于民航的通信和导航业务中，机载 VHF 通信系统和 VHF 导航系统就是工作于超短波波段。

【学习研讨】

背景描述	通信在不同的环境下有不同的解释，在出现电波传输通信后，通信被单一解释为信息的传递，是指由一地向另一地进行信息的传输与交换，其目的是传输消息。通信技术拉近了人与人之间的距离，提高了经济的效率，深刻地改变了人类的生活方式和社会面貌
讨论主题	描述通信技术的发展历程与未来展望
成果展示	小组讨论，以文字、语言描述或数字化方式展示讨论成果。 简要列出汇报大纲：

续表

任务反思	1. 学到的知识点有哪些？ 2. 你对自己在本次任务中的表现是否满意？写出课后反思。

【学习评价】

专业知识	能力提升	职业素养	评价结果
内容全面且组织有条理：准确描述通信以及无线电波的相关知识	能采取多种方式收集信息、解决问题，进行分析和总结	有很好的团队合作意识，积极交流沟通与分享	优秀□
内容比较全面且组织比较有条理：较为准确描述通信以及无线电波的相关知识	能较好地收集信息、解决问题，分析和总结比较到位	有较强的团队合作意识，交流沟通和分享能力较好	良好□
内容不全面且组织条理不清晰：简单描述通信以及无线电波的相关知识	不能全面地收集信息、解决问题，分析和总结的能力还需提升	团队合作意识不够，缺少交流沟通和分享能力	一般□

学习单元二　无线电收发原理

【情境导入】

1873 年麦克斯韦最早阐明了电磁波传播的理论基础，1887 年赫兹证明了无线电辐射具有波的所有特性，1893 年尼古拉·特斯拉在美国首次公开展示了无线电通信，1906 年范信达实现了历史上首次无线电广播。从无线电技术的诞生、成长与发展的历史长河中，融入了无数人的智慧和汗水。图 7-13 所示为无线电波传播方式。

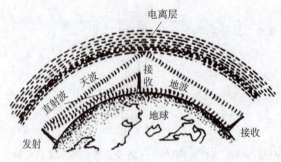

图 7-13　无线电波传播方式

【学习目标】

（1）了解无线电通信系统的组成；
（2）了解调制、解调的作用；
（3）掌握幅度调制的特点；
（4）具有通信系统内场测试的能力；
（5）具有严谨的科学态度和认真负责的工作作风；
（6）提升信息化技术应用能力。

【知识导航】

1. 无线通信系统的组成

一个完整的无线通信系统应包括发射装置、接收装置、传输信道以及信号传输过程中的各种噪声，如图 7-14 所示。

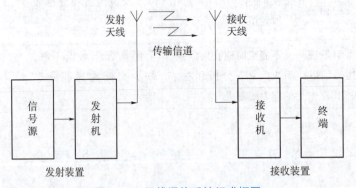

图 7-14　无线通信系统组成框图

发射装置包括信号源、发射机和发射天线。其中，信号源将发送者提供的信息转换为电信号。发射机将该电信号变换为足够强度的高频电振荡。发射天线则将高频电振荡变换为电磁波，向传输信道辐射。

传输信道是自由空间。根据电磁波的波长或频率的不同，电磁波在自由空间的传输方式不同，在不同传输信道中的损耗也不一样。

接收是发射的逆过程,接收装置由接收天线、接收机和终端组成。接收天线将由空间传播到其上的电磁波变换为高频电振荡,接收机将高频电振荡还原为包含传送信息的电信号,终端则将电信号还原为所传送的信息。

2. 调制和解调

发射天线辐射的电磁波能量通过长距离传输到达接收天线的仅是其中很小一部分,接收装置必须从众多的电磁波中选择出有用信号。通信系统中的发射机和接收机都必须对携有信息的电信号进行各种变换和处理。在这些变换和处理中调制和解调占据了重要的地位。

调制是指用携有信息的电信号去控制高频振荡信号的某个参数,该参数按照电信号的规律而变化的一种处理方式。通常把携有信息的电信号称为调制信号,调制前的高频振荡信号称为载波信号,调制后的高频振荡信号称为已调波信号。如果受控的参数是载波信号的振幅,则称这种调制为幅度调制,简称调幅(AM),则已调波信号就是调幅波信号;如果受控的参数是载波信号的频率或相位,则称这种调制为频率调制或相位调制,简称调频(FM)或调相(PM),统称为调角;而已调波信号就是调频波信号或调相波信号,统称为调角波信号。

解调是调制的逆过程,它是从已调波信号中恢复出携有信息的电信号的一种处理方式,对应不同的调制方法,其解调方法也不一样。

3. 收发机的基本组成

1)调幅发射机

图 7-15 所示为采用调幅方式的无线通信发射机的组成框图。

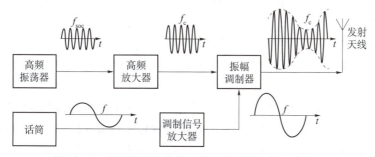

图 7-15 采用调幅方式的无线通信发射机的组成框图

高频振荡器用来产生频率为 f_{soc} 的高频振荡信号,其频率一般在几十到几百千赫兹以上。

高频放大器由多级谐振放大器(包括倍频器)串接组成,用来放大高频振荡器产生的振荡信号,并使其频率倍增到载波频率以上,最后提供足够大的载波功率。

话筒用来将语音转换为电信号,其频率一般在 300 Hz~3 kHz。

调制信号放大器由多级非谐振放大器串接组成。其中,前几级为小信号放大器,用来放大话筒变换来的电信号;后几级为功率放大器,用来提供足够功率的调制信号。

振幅调制器用来实现调幅功能,它将输入的载波信号与调制信号变换为所需的调波信号,然后加到发射天线上。

2)调幅接收机

调幅接收机的作用与调幅发射机正好相反,它通过接收天线接收发射机发送的电磁波,并将其变换为发送端发送的信息。

目前调幅接收机普遍采用超外差方式进行接收，图 7-16 所示为超外差式调幅接收机的组成框图。接收天线将空间电磁波转换为微弱的高频振荡信号。

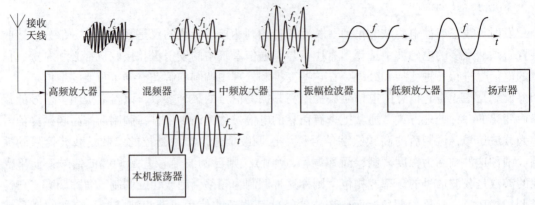

图 7-16 超外差式调幅接收机的组成框图

高频放大器通常由多级小信号谐振放大器组成，用来放大接收天线上感生的有用信号；同时利用高频放大器中的谐振系统抑制接收天线上感生的其他频率的干扰信号。由于谐振放大器的中心频率随所需接收信号频率 f_c 的不同而不同，因此高频放大器必须是可调谐的。

混频器有两个输入信号，一个是由高频放大器送来的频率为 f_c 的调幅波信号；另一个是由本机振荡器产生的频率为 f_L 的等幅振荡信号。它的作用是将载波频率为 f_c 的调幅波信号不失真地变换为载波频率为 f_I 的已调波信号。其中 $f_I=f_L±f_c$（或 $f_I=f_c±f_L$），它是一个固定数值，简称中频。

本机振荡器简称本振，其主要任务是产生频率为 f_L 的等幅振荡信号。由于 f_I 定值，而 f_c 随所需接收信号的不同而不同，所以，本振的振荡频率也应该是可调的，而且必须能够正确跟踪 f_c。

中频放大器由多级固定调谐的谐振放大器组成，用来放大中频调幅信号。

振幅检波器用来实现解调功能，它将中频调幅信号变换为反映所传送信息的低频信号。

低频放大器用来放大携有信息的低频信号，向扬声器提供足够的功率。

除了采用调幅方式的通信系统外，目前还广泛采用了调频、调相等方式的通信系统。不同调制方式的主要区别在调制器和解调器上。例如，采用调频方式的无线通信系统，实现调制的组成方框称为频率调制器，实现解调的组成方框称为频率检波器（鉴频器）；采用调相方式的无线通信系统，实现调制的组成方框称为相位调制器，实现解调的组成方框称为相位检波器（鉴相器）。

4. 收发机的主要性能指标

为了有效实现收发机的功用，对收发机给出了一些技术指标，并以此为依据，对组成收发机的各个部分提出了具体的要求。

1）发射机的主要性能指标

（1）输出功率。发射机的输出功率是指从发射机末级到天线输入端的射频信号功率。有时为了测量方便，规定在指定的负载电阻上的功率为输出功率，它是决定系统作用距离和可靠性的主要因素之一。

（2）频率稳定度。频率稳定度是指在一定的时间间隔内频率变化的最大值。通常它有两种表示方法：绝对频率稳定度和相对频率稳定度。

$$\text{绝对频率稳定度 } \delta = \frac{|f_{max} - f_0|}{t} \tag{7-1}$$

$$\text{相对频率稳定度 } \delta = \frac{|f_{max} - f_0|}{f_0 t} \tag{7-2}$$

式中，f_{max}为实际工作频率的最大值；f_0为标准频率；t为时间间隔。

频率稳定度是发射机一项极为重要的指标，对于保证系统工作的可靠性，提高系统的抗干扰能力和压缩系统的频带等方面具有重要意义。不同的通信系统对于频率稳定度的要求也不同，要求频率稳定度越高，发射机的结构就越复杂，成本也越高。目前通常采用晶体振荡器和频率合成技术来提高频率稳定度。

（3）频率范围和波道间隔。目前许多通信系统的工作频率不再是单一的固定频率，而是具有一定宽度的频带，这就是频率范围。在大的频率范围内又分成许多小的频带，称为波道。

（4）谐波和副波输出。发射机除了在工作频率输出功率外，由于各种原因，在某些频率，如工作频率的谐波和个别频率上也有不需要的功率输出。这种谐波和副波输出会造成干扰，应加以限制。

（5）末级负载阻抗。为了便于使用者选配合适的天线和馈线，末级负载阻抗应有所规定。

2）接收机的主要性能指标

（1）灵敏度：表示接收机接收弱信号的能力。它直接影响接收机的作用距离。灵敏度的完整定义是：在接收机输出端满足一定的输出功率和信噪比（输出的信号功率与输出噪声功率之比，通常用 S/N 表示）的条件下，天线上所需的最小感应电动势（或接收点场强）。

（2）选择性：表示接收机选择所需信号抑制其他信号及干扰的能力。选择性越好，接收机对载波频率附近的其他信号及干扰的抑制能力也就越强。

（3）失真度：表示接收机输出端的低频信号波形与接收机输入端已调波信号所加载的调制信号波形的相似程度。

（4）频率稳定度：含义与发射机的相同，主要取决于本振的频率稳定度。

（5）频率范围：在给定的范围内，接收机可以在任一频率上调谐，而且其主要性能指标都达到要求。

5. 幅度调制

幅度调制通常包括普通调幅（AM）、双边带调制（DSB）、单边带调制（SSB）和残留边带调制（VSB）。其中普通调幅是最基本的，其他幅度调制都由它变化而来。下文只介绍普通调幅（AM）和单边带调制（SSB）。

1）普通调幅（AM）

普通调幅简称调幅（AM），它是利用调制信号去控制载波信号的振幅，从而使载波信号的振幅随着调制信号的变化而变化。调制信号包含许多频率成分，其波形比较复杂，为了分析方便，我们将它看作正弦波，如图7-17（a）所示。图7-17（b）所示波形为载波，在未调制之前，它的振幅是维持不变的。从图7-17（c）中可以看出，调幅波是载波振幅随调制信号的大小成线性变化的高频振荡信号，它的频率并没有改变，仍然等于载波的频率。

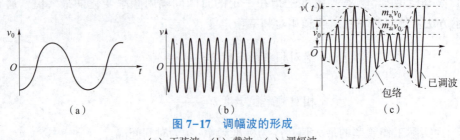

图 7-17　调幅波的形成

(a) 正弦波；(b) 载波；(c) 调幅波

2) 单边带调制（SSB）

调幅从实质上讲是将调制信号的频谱搬移至载波的两侧。调幅波所传送的信息包含在两个边带内，且两个边带所包含的信息内容完全一样，而载波分量本身并不包含任何信息。但从调幅波的功率分配上看，载波分量的功率却在已调波的总功率中占有很大的比重，这样就降低了调幅波的功率有效率。从理论上讲，只要发送一个边带就可以不失真地传送信息，而另一个边带和载波分量都可以加以抑制，这就是单边带调制，简称 SSB。由于单边带通信系统是建立在调幅制理论基础上的，所以也称其为调幅单边带制系统。图 7-18 所示为单边带调制信号的频谱。

图 7-18　单边带调制信号的频谱

(a) 调制信号的频谱；(b) 普通调幅波的频谱；(c) 上边带信号的频谱；(d) 下边带信号的频谱

目前，机载 VHF 通信系统采用的调制方式为调幅，HF 通信系统采用调幅与单边带兼容的调制方式。单边带调制与调幅相比具有以下优点：

（1）节约频谱。调幅波所占频谱宽度等于调制信号最高频率的 4 倍。而采用单边带调制以后，频带可节约一半，这对于日益拥挤的短波波段来说，具有十分重要的意义。因为这样就能在相同带宽内，使所容纳的频道数量增加 1 倍，大大提高了短波波段利用率。

（2）节省功率。在调幅波中，载波功率占整个调幅波功率的绝大部分，但它并不包含所要传送的信息；单边带调制则只传送携带信息的一个边带，因而在接收端的信噪比相同时，单边带调制能大大节省发送功率。

（3）抗干扰能力强。短波的传播方式主要以天波为主，对于调幅波来说，载波分量很大，因而接收端的合成波形由于选择性衰落而产生的失真也很严重，降低了信噪比。单边带通信不含有载波成分，因而不会受到上述影响，也就是说单边带调制的衰落现象要轻得多。另外，单边带调制通信的频带较窄，因此电台之间的相互干扰也很小。所以说单边带调制通信的质量比调幅通信质量高。

但是单边带调制通信对收发机的频率稳定度要求很高，而且需要增加复杂的自动频率控制系统，这必然造成收发设备技术上的复杂和成本的提高。

【学习研讨】

背景描述	无线电技术的原理基于电磁波理论，即导体中电流强弱的改变会产生无线电波。利用这一现象，通过调制可将信息加载于无线电波上。当电波通过空间传播到达接收端，电波引起的电磁场变化又会在导体中产生电流。通过解调将信息从电流变化中提取出来，就达到了信息传递的目的
讨论主题	描述航空无线电通信中发射机幅度调制的过程
成果展示	小组讨论，以文字、语言描述或数字化方式展示讨论成果。 简要列出汇报大纲：
任务反思	1. 学到的知识点有哪些？ 2. 你对自己在本次任务中的表现是否满意？写出课后反思。

【学习评价】

专业知识	能力提升	职业素养	评价结果
内容全面且组织有条理：准确描述无线电收发的相关知识	能采取多种方式收集信息、解决问题，进行分析和总结	有很好的团队合作意识，积极交流沟通与分享	优秀□
内容比较全面且组织比较有条理：较为准确描述无线电收发的相关知识	能较好地收集信息、解决问题，分析和总结比较到位	有较强的团队合作意识，交流沟通和分享能力较好	良好□
内容不全面且组织条理不清晰：简单描述无线电收发的相关知识	不能全面地收集信息、解决问题，分析和总结的能力还需提升	团队合作意识不够，缺少交流沟通和分享能力	一般□

模块八

飞机通信系统

飞机通信系统主要用于飞机与地面之间、飞机与飞机之间的相互通信;也用于进行机内通话、旅客广播、记录话音信号以及向旅客提供视听娱乐信号等。

以有线形式传输信息的机内通信系统与依靠无线电波传输信息的机外通信系统各自在飞机中的作用是怎样的?它们是如何工作的?让我们一起认识飞机上的"顺风耳"——通信系统。

学习单元一 甚高频通信系统(VHF COMM)

【情境导入】

甚高频地空通信已成为民航地空通信保障的主要手段。在机场终端管制范围内,甚高频通信可提供塔台、进近、航站自动情报服务、航务管理等通信服务。随着在我国大中型机场及主要航路上的甚高频系统的不断建设,已经完成我国东部地区 6 000 m 以上空域和其他地区沿国际航路 6 000 m 以上空域甚高频通信覆盖,在一些繁忙航路上达到了 3 000 m 以上的甚高频通信覆盖能力。图 8-1 所示为甚高频通信系统。

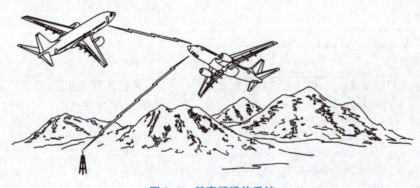

图 8-1 甚高频通信系统

【学习目标】

(1) 掌握甚高频通信系统的作用和组成;
(2) 了解甚高频通信系统的工作原理和工作过程;
(3) 熟悉甚高频通信系统的自测试要求;

（4）具有不畏艰难、精益求精的工匠精神；

（5）具有勇于挑战和善于合作的团队精神；

（6）具有坚定的理想信念、强烈的航空报国情怀。

【知识导航】

1. 甚高频通信系统概述

甚高频通信系统是一种近距离的飞机与飞机之间、飞机与地面电台之间的通信系统。

甚高频通信系统工作在甚高频 118~135.975 MHz 波段，电波以空间波（即直射波：从发射点经直线传播到接收点的无线电波）方式传播，有效传播距离一般限于视线范围。但由于对流层对超短波的折射作用，使得实际的传播距离略大于视线距离。

VHF 通信与 HF 通信相比较，VHF 通信反射少（电离层对信号的反射），传播距离近，抗干扰性能好；天电干扰、宇宙干扰、工业干扰等对 VHF 波段的通信干扰较小。

2. VHF 通信系统组成

甚高频通信系统有两套或三套收发机及用于短程语音通信的相关设备。三套收发机是完全相同的。VHF1、VHF2 通常用于机组语音通信；VHF3 用于飞机通信编址和报告系统（ACARS）或空中交通服务组件（ATSU）来传输数据，也是 VHF1、VHF2 失效时的备份。

每套 VHF 通信系统包含 VHF 收发机、无线电通信面板（RCP）及 VHF 天线，如图 8-2 所示。

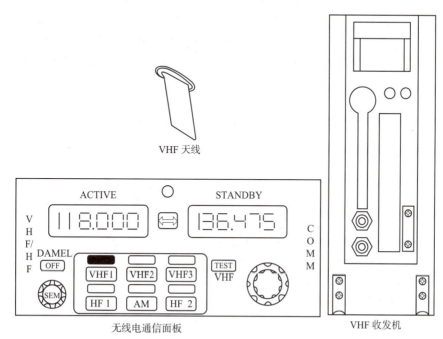

图 8-2　VHF 系统的组成

3. VHF 通信系统工作原理

甚高频通信系统通信方式为半双工信道，通话双方使用同一频率，一个 VHF 通信信道。

一方发送完毕，停止发射等待接收对方信号，收发机平时都处于接收状态。

1) 发射机

甚高频调幅发射机一般由音频放大器、振荡器、混频器（调制器）、前置放大器、高频功率放大器等组成，其结构框图如图8-3所示。

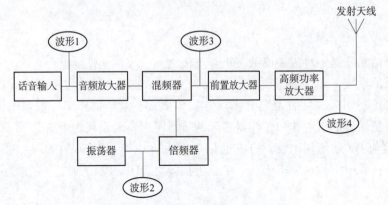

图8-3　甚高频调幅发射机的结构框图

音频放大器的功能是将音频电信号进行放大，但是要求其失真及噪声要小。

混频器是将放大后的音频信号加在高频载波信号上面，形成高频电磁波调制信号，其包络与输入调制信号呈线性关系，目的是增强信号的抗噪声能力。

振荡器的主要作用是产生调制器所需的稳定的甚高频载波信号。

前置放大器和高频功率放大器的作用是把调制后的高频信号放大，经发射天线发射到空中。民航常用设备的发射功率一般为 10~50 W，所以都采用多级放大器。由于放大器在放大信号的同时，内部本身也会产生噪声，所以信号在输出端较之输入端的信噪比 S/N 值要小。

2) 接收机

接收机由高频放大器、混频器、本机振荡器、中频放大器、检波器、音频放大器和音频输出电路等组成，如图8-4所示。

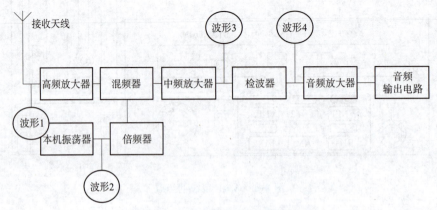

图8-4　VHF系统接收机结构框图

高频放大器实现接收天线接收来的电磁波进行放大、滤波以及自动增益控制等功能。

混频器是将收到的高频信号和本机振荡器产生的振荡信号混合生成一个中频信号,然后送入中频放大器进行放大。

检波器是在放大后的中频信号中分离出声音信号,检波也叫解调,是调制的反过程。

经检波后的音频信号经过音频预放后取出数据信号,送至监控单元。然后将音频信号经过音频放大器和音频输出电路将收到的信号提供给机组使用。

4. VHF 通信系统工作过程

无线电通信面板（RCP）将所选频率送给收发机。音频控制板向遥控电子组件（REU）发送无线电选择信号和接收音量控制,如图 8-5 所示。

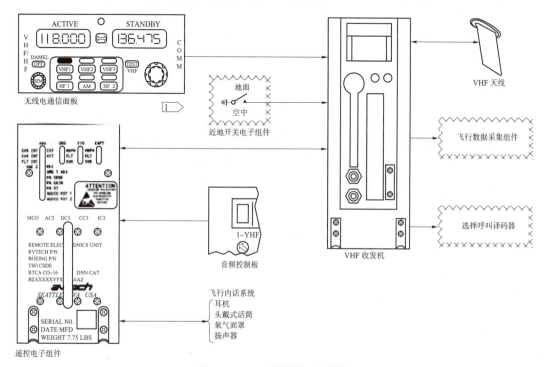

图 8-5　VHF 系统的工作过程

发射期间,话筒通过 PTT 信号经 REU 送给 VHF 收发机,收发机将音频调制产生的 RF 载波信号送到天线发射出去。在发射期间,飞行数据采集组件从收发机接收 PTT 信号作为键控信号记录发射情况。

接收期间,天线接收调制的 RF 信号并把它送给收发机,收发机从 RF 载波中解调或取出音频信息,经 REU 发送到飞行内话系统的扬声器和耳机。选择呼叫译码器从 VHF 收发机接收音频 SELCAL 译码器监控来自地面台的选择呼叫的呼叫音频。VHF 收发机从近地电子开关组件（PSEU）接收空/地离散信号,并用此信号为内部故障存储器计算飞行阶段。

5. VHF 系统的自测试

VHF 收发机有机内自测试设备（BITE）,可以用 VHF 收发机前面板上的开关进行测试。开始测试时,BITE 检查来自控制面板、内部电路和收发机处理器的输入及天线的输出。收发机停止测试时,显示器上显示"测试完成"。如果没有故障,显示"无故障"或者绿色的"LRU PASS"灯点亮。如果有故障,显示"故障"或者红色的"控制输入失效"灯点亮。

利用无线电通信面板进行 BITE 测试，按 RCP 上的 VHF 开关时，显示窗通常显示 VHF 无线电频率。如果 RCP 内的自测试设备（BITE）检测到故障，可看到如图 8-6 所示的显示信息。

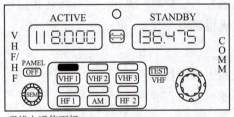

显示		条件
活动窗	备用窗	
118.000	136.475	VHF信号为有效频率（118.000~136.475 MHz）或者RCP未收到来自VHF收发机的信号
FAIL	FAIL	VHF收发机故障
PANEL	FAIL	RCP故障

无线电通信面板

图 8-6 BITE 检测到故障时 VHF 系统的显示信息

【学习研讨】

背景描述	还记得《中国机长》中那句"四川 8633，听到请回答"的语音通信吗？这就是甚高频通信的作用，它是保证飞行的过程中飞机与地面之间以及飞机与飞机之间相互联系的通信工具。其主要的工作形式是以图像、数据、语音为主，在工作的过程中通过无线电信号或者通过光将信息、指令等传送给接收方
讨论主题	分析在飞机通信和导航中为何甚高频系统应用最广泛
成果展示	小组讨论，以文字、语言描述或数字化方式展示讨论成果。 简要列出汇报大纲：
任务反思	1. 学到的知识点有哪些？ 2. 你对自己在本次任务中的表现是否满意？写出课后反思。

【学习评价】

专业知识	能力提升	职业素养	评价结果
内容全面且组织有条理；准确描述甚高频通信系统的相关知识	能采取多种方式收集信息、解决问题，进行分析和总结	有很好的团队合作意识，积极交流沟通与分享	优秀□
内容比较全面且组织比较有条理；较为准确描述甚高频通信系统的相关知识	能较好地收集信息、解决问题，分析和总结比较到位	有较强的团队合作意识，交流沟通和分享能力较好	良好□
内容不全面且组织条理不清晰；简单描述甚高频通信系统的相关知识	不能全面地收集信息、解决问题，分析和总结的能力还需提升	团队合作意识不够，缺少交流沟通和分享能力	一般□

学习单元二　高频通信系统（HF COMM）

【情境导入】

电离层反射无线电波的应用非常广泛，在军事、民用以及科学领域中，许多通信系统都是依靠电离层反射来实现信号传输的，如图 8-7 所示。此外，由于地球曲率半径的存在，远距离通信必须在一定高度以上进行，电离层的存在使此类通信系统可以工作在更大范围的频率之上，诸如承担了远距离通信的飞机高频通信系统。

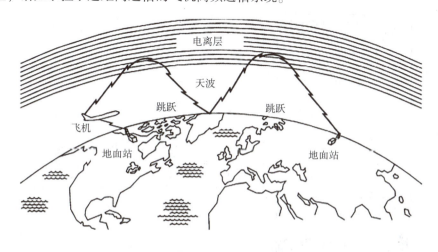

图 8-7　电离层反射无线电波的应用

【学习目标】

(1) 掌握高频通信系统的作用和组成；
(2) 了解高频通信系统的工作过程；
(3) 具有高频通信系统的自测试能力；
(4) 具有查阅资料、解决问题的能力；
(5) 具有严谨的科学态度和认真负责的工作作风；
(6) 具有坚定的理想信念、强烈的航空报国情怀。

【知识导航】

1. 高频通信系统概述

高频通信系统是一种远距离供飞机与地面或飞机与其他飞机之间的通信系统。HF 通信系统工作于 2~30 MHz 短波波段，它是利用电离层的反射实现电波的远距离传播。HF 通信由于传播距离远，短波信号的不稳定，电台数量的众多及电台之间的相互干扰，严重影响了 HF 通信系统的通信质量。为了提高信噪比、节约频谱，HF 通信系统多采用单边带调制（SSB）的通信方式和普通调幅（AM）的工作方式。在目前远距通信系统应用卫星通信的情况下，HF 通信仍然作为备用系统应用在飞机上。

2. HF 通信系统组成

飞机上一般装有 1~2 套高频通信系统。两套系统由两部收发机、两个控制板、两个天线调谐耦合器和一部天线组成，如图 8-8 所示。天线调谐耦合器安装在垂直安定面的前下部两侧，每侧各一个。HF 天线、馈线和射频屏蔽罩位于垂直安定面内部，其中天线在垂直安定面的前缘。

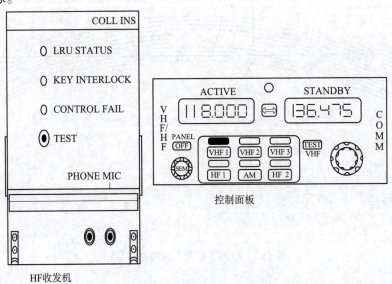

图 8-8 HF 系统的组成

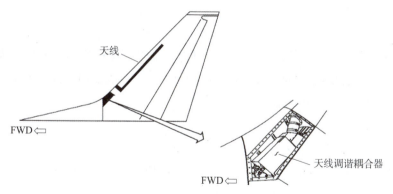

图 8-8　HF 系统的组成（续）

3. HF 通信系统工作过程

HF 通信系统使用频率选择和控制信号来发射和接收通信，系统利用来自飞行内话系统的话音音频调制载波信号。接收期间在 HF 收发机解调 RF 载波信号，将音频信号从 RF 载波信号中分离出来后送到飞行内话系统，如图 8-9 所示。

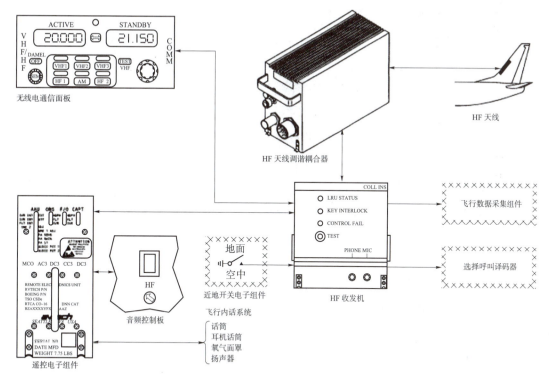

图 8-9　HF 系统的工作过程

无线电通信面板（RCP）提供选择的频率信息和控制信号，调谐 HF 收发机并进行无线电选择。用 RCP 可选择调幅（AM）或上边带（USB）操作。用 RF 灵敏度控制可增强 HF 接收。RCP 可选择和控制任何 HF 通信无线电的频率。

HF 收发机的发射电路用飞行内话音频调制 RF 载波信号，声音信息送给其他飞机或地面台站。接收电路解调接收的 RF 载波分离出音频，接收的音频被机组或其他飞机系统使用。

HF 天线调谐耦合器使天线阻抗与 HF 收发机的频率范围的输出相匹配。发射期间，天线调谐耦合器从收发机接收已被调制的 RF 并传给天线。接收期间，天线调谐耦合器从天线接收已被调制的 RF 并送给收发机。

RCP 向收发机发送所选频率的信息和控制信号。音频控制板向 REU 发送 HF 无线电选择信号，接收音量控制信号，按压通话（PTT）键控开关，话筒音频和 PTT 信号经遥控电子组件（REU）进入 HF 收发机。收发机将调制的 RF 信号经天线调谐耦合器送到天线发射。同时，在发射期间，飞行数据采集组件从收发机接收 PTT 信号。

接收期间，天线接收调制的 RF 信号经天线调谐耦合器送给收发机。收发机从 RF 载波中解调或分离出音频，经 REU 送到飞行内话系统的扬声器和耳机。

选择呼叫译码器（SELCAL）从 HF 收发机接收音频，SELCAL 译码器监视来自地面站的 SELCAL 呼叫音频。HF 收发机接收空/地离散信号，并用此信号为内部故障存储器计算飞行阶段。

4. HF 系统的自测试

HF 收发机有自测试功能，测试时按压其前面板上的测试开关（TEST），如图 8-10 所示。LRU 状态（LRU STATUS）、键互锁（KEY INTERLOCK）、控制失效（CONTROL FAIL）和红灯亮 2 s，接着 LRU STATUS 绿灯亮 2 s，另外两个红灯亮 2 s，在最后 2 s 所有的灯都灭掉，直到测试完成，随后收发机显示测试结果 30 s。

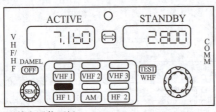

无线电通信面板

显示		状况
活动	备用	HF 无线电的有效频率 （2.000~29.999 MHz）
7.160	2.800	RCP 接收不到来自 HF 收发机的信号
故障	故障	HF 收发机故障
面板	故障	RCP 故障

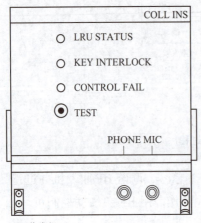

HF 收发机

LED 灯顺序，时间	测试指示			测试结果
	LRU 状态	键互锁	控制失效	
0~2 s	红灯亮	红灯亮	红灯亮	—
2~4 s	绿灯亮	红灯亮	红灯亮	—
4~6 s	关	关	关	—
6~36 s	绿灯亮	关	关	PASS
	红灯亮	关	关	XCVR 故障
	绿灯亮	红灯亮	关	天线调谐耦合器故障
	绿灯亮	关	红灯亮	控制输入故障
36+ s	关	关	关	

图 8-10 HF 系统的自测试

LRU STATUS 灯亮表示 HF 收发机存在故障，KEY INTERLOCK 灯亮表示天线调谐耦合器存在故障，CONTROL FAIL 灯亮表示 HF 接收机没有接到 RCP 的输入信号。根据不同指示灯查找手册进一步确认故障原因，进行故障排除。

【学习研讨】

背景描述	高频通信具有超视距通信能力、传输距离远的特点，常用于跨极地、越洋飞行，主要在卫星、VHF 无法覆盖的区域使用。但其信号也会受到多种因素的影响
讨论主题	描述高频通信系统和甚高频通信系统的区别
成果展示	小组讨论，以文字、语言描述或数字化方式展示讨论成果。 简要列出汇报大纲：
任务反思	1. 学到的知识点有哪些？ 2. 你对自己在本次任务中的表现是否满意？写出课后反思。

【学习评价】

专业知识	能力提升	职业素养	评价结果
内容全面且组织有条理：准确描述高频通信系统的相关知识	能采取多种方式收集信息、解决问题，进行分析和总结	有很好的团队合作意识，积极交流沟通与分享	优秀□
内容比较全面且组织比较有条理：较为准确描述高频通信系统的相关知识	能较好地收集信息、解决问题，分析和总结比较到位	有较强的团队合作意识，交流沟通和分享能力较好	良好□
内容不全面且组织条理不清晰：简单描述高频通信系统的相关知识	不能全面地收集信息、解决问题，分析和总结的能力还需提升	团队合作意识不够，缺少交流沟通和分享能力	一般□

学习单元三 卫星通信系统（SATCOM）

【情境导入】

卫星通信系统是以卫星作为中继站转发微波信号，在多个地球站之间进行信息的传递，卫星通信的主要目的是实现对地面的"无缝隙"覆盖，由于卫星工作于几百、几千、甚至上万千米的轨道上，因此覆盖范围远大于一般的移动通信系统，如图8-11所示。

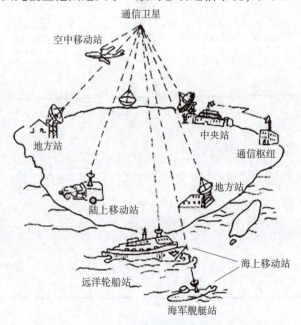

图8-11 卫星通信系统

【学习目标】

(1) 掌握卫星通信系统的作用和组成；
(2) 了解卫星通信系统的特点；
(3) 了解卫星通信系统的工作过程；
(4) 具有不断创新、艰苦奋斗的工匠精神；
(5) 具有正确的社会主义人生观；
(6) 具有坚定的理想信念、强烈的航空报国情怀。

【知识导航】

1. 卫星通信系统概述

卫星通信是指利用人造地球卫星作为中继站转发或反射无线电波，在两个或多个地球站之间进行的通信，它是宇宙通信形式之一。

用于实现通信目的的这种人造卫星称为通信卫星。目前，绝大多数通信卫星是地球同步卫星（静止轨道卫星），这种卫星运行的方向与地球自转的方向相同，绕地球旋转一周的时间，即公转周期恰好是 24 h，和地球的自转周期相等。

2. 卫星通信系统特点

（1）卫星通信与其他通信方式相比，具有以下优点：

① 卫星通信覆盖区域大，通信距离远。

因为卫星离地面距离很远，一颗卫星便可以覆盖地球表面积的 1/3，因而利用 3 颗同步卫星基本上就可以实现全球通信，所以目前它是远距离越洋通信和电视转播的主要手段。

② 卫星通信具有多址通信能力。

只要是在卫星天线覆盖区域内，都可设置地球站，共用同一颗卫星在这些地球站之间进行双边或多边通信，也可说是多址通信。而且卫星通信的建站费用与维护费用并不因地球站之间的距离远近及地球条件恶劣而增加，这是短波通信、光纤通信等其他手段所无法比拟的。

③ 卫星通信频带宽，传输容量大。

卫星通信通常使用 300 MHz 以上的微波频段，而且一颗卫星上可设置多个转发器，因而通信容量很大。

④ 卫星通信机动灵活。

卫星通信不仅适用于大型固定地球站之间的远距离通信，而且可以在车载、舰载、机载（包括个人终端）等移动的地球站间提供通信服务。

⑤ 卫星通信的通信线路稳定可靠，传输质量高。

由于卫星通信的无线电波主要是在大气层以外的宇宙空间传播，传播特性比较稳定，而且通常只经过卫星一次转接，故传输质量高。

(2) 卫星通信也有不少缺点：

① 传输时延大。

卫星地球站通过赤道上空约 36 000 km 的通信卫星的转发进行通信，视地球站纬度高低，其一跳的单程空间距离为 72 000~80 000 km。以 300 000 km/s 速度传播的电波，要经过 240~260 ms 的空间传输延时才能到达对方地球站，加上终端设备对数字信号的处理时间等，延时还要增加。

② 高纬度地区难以实现卫星通信。

在南纬 75°以上和北纬 75°以上的高纬度地区，由于同步卫星的仰角低于 5°，难以实现卫星通信。

③ 为了避免各卫星通信系统之间的相互干扰，同步轨道的星位是有限度的，不能无限制地增加卫星数量。

④ 太空中的日凌现象和星食现象会中断和影响卫星通信。

⑤ 需对卫星部署有长远规划。

3. 卫星通信系统组成

一个卫星通信系统是由通信卫星、地球站群以及卫星通信控制中心三部分组成的，如图 8-12 所示。

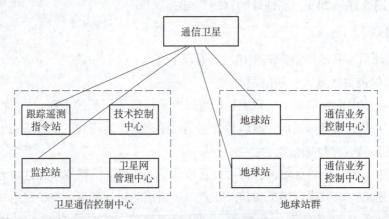

图 8-12　卫星通信系统的基本组成

1）通信卫星

通信卫星是卫星通信系统的空间分系统。通信卫星主要由天线系统、通信系统、遥测指令系统、控制系统及电源系统五大部分组成。

2）地球站群

地球站群一般包括中央站（或中心站）和若干个普通地球站。中央站除具有普通地球站的通信功能外，还负责通信系统中的业务调度和管理，对普通地球站进行监测控制以及业务转接等。

3）卫星通信控制中心

为保证通信卫星的正常运行和工作，必须通过遥测和遥控系统对卫星的轨道、姿态和有关部分的工作进行监视和校正，这就要求设置通信卫星监控站。另外，为了对通信业务进行协调和技术管理，还需要设置卫星网管理中心，这两部分统称为卫星通信控制中心。

4. 卫星通信系统的工作过程

卫星通信实际上就是利用通信卫星作为中继站的一种通信方式，通过特殊的微波中继，可以实现两个或多个地球站之间的远程通信。

如图8-13所示，地球站A通过定向天线向通信卫星发射的无线电信号，首先被卫星的转发器接收，经过卫星转发器放大和变换以后，再由卫星天线转发到地球站B，当地球站B接收到信号后，就完成了从地球站A到地球站B的信息传递过程。如果地球站A和地球站B不在同一颗卫星的覆盖区域，那么从地球站A发出的信号是不能通过卫星立即转发给地球站B的，此时就必须采用延迟转发方式。当卫星飞经地球站A上空时，卫星上的转发器接收地球站A发送的信号并存储起来，等到卫星运行到地球站B上空时，由地球站B发出指令，启动卫星上的发射机，把存储的信号再发送给地球站B。从地球站发射信号到通信卫星所经过的通信路径称为上行线路，与此相对，从通信卫星到地球站所经过的通信路径称为下行线路。为了避免通信过程中的相互干扰，上行线路和下行线路的信号工作频率是不同的。

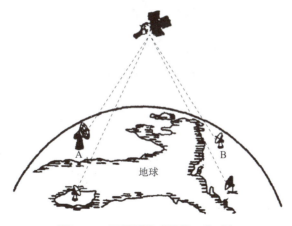

图8-13 卫星通信系统的工作过程

5. 典型的卫星通信机载系统

典型卫星通信机载系统的组成如图8-14所示，由卫星数据组件SDU、射频组件RFU、高功率放大器HPA、低噪声放大器LNA和双工器DIP、波束控制组件BSU以及天线组成。

发射信号处理流程：卫星数据组件SDU将通信数据发送给射频组件RFU。RFU产生相应的载波信号，并完成数据信号对载波的调制。

接收信号处理流程：天线接收的信号经双工器输往低噪声放大器LNA放大后输往RFU进行处理，然后再输往SDU。SDU对接收信号进行解调等处理，将所接收的信息分配到相关系统。

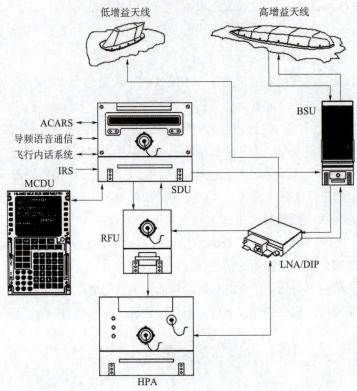

图 8-14 典型卫星通信机载系统的组成

【学习研讨】

背景描述	卫星通信是与北斗、5G 通信等同样重要的国家基础设施，其建设事关国家网络强国、航天强国战略的实施以及数字经济的发展。我国"十四五"规划和 2035 远景目标再次明确提出了要建设高速泛在、天地一体、集成互联、安全高效的信息基础设施
讨论主题	描述卫星通信系统和卫星导航系统的区别
成果展示	小组讨论，以文字、语言描述或数字化方式展示讨论成果。 简要列出汇报大纲：

续表

任务反思	1. 学到的知识点有哪些？	
	2. 你对自己在本次任务中的表现是否满意？写出课后反思。	

【学习评价】

专业知识	能力提升	职业素养	评价结果
内容全面且组织有条理：准确描述卫星通信系统的相关知识	能采取多种方式收集信息、解决问题，进行分析和总结	有很好的团队合作意识，积极交流沟通与分享	优秀□
内容比较全面且组织比较有条理：较为准确描述卫星通信系统的相关知识	能较好地收集信息、解决问题，分析和总结比较到位	有较强的团队合作意识，交流沟通和分享能力较好	良好□
内容不全面且组织条理不清晰：简单描述卫星通信系统的相关知识	不能全面地收集信息、解决问题，分析和总结的能力还需提升	团队合作意识不够，缺少交流沟通和分享能力	一般□

学习单元四　其他典型通信系统

【情境导入】

航空通信系统既要能够提供实时的语音通信，也要能够传输以及存储语音、数据、文本、图形等信息。因此，航空通信系统无法使用单一的技术满足诸多的需求，需要依据不同应用范围、传输质量要求、频率资源和电磁环境等多种因素，采用适当的通信技术。经过几十年的发展，航空领域逐步形成了由多种通信技术构成的复杂的通信系统，如图8-15所示。

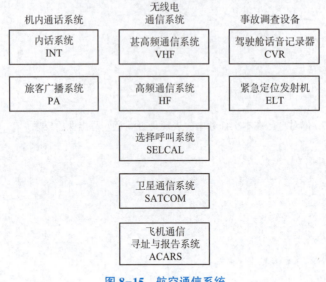

图 8-15 航空通信系统

【学习目标】

(1) 了解其他通信系统的作用和组成；
(2) 了解其他通信系统的工作过程；
(3) 具有其他通信系统的识别能力；
(4) 具有分析问题、解决问题的能力；
(5) 具有严谨细致、吃苦耐劳的职业精神；
(6) 具有坚定的理想信念、强烈的航空报国情怀。

【知识导航】

1. 选择呼叫系统（SELCAL）

选择呼叫系统（SELCAL）供地面台站通过高频或甚高频通信系统对指定飞机或一组飞机进行联系。每架飞机有不同的选择呼叫代码，当飞机收到其SELCAL代码时，将以声、光告警信号提醒飞行员地面在呼叫本飞机，如图8-16所示。

选择呼叫系统一般由选择呼叫译码器、选择呼叫控制面板、选择呼叫程序开关组件和选择呼叫音响警告继电器等部件组成，如图8-17所示。

选择呼叫译码器监视电台系统的单音频信号。如果这些单音频信号与来自程序开关组件的代码相同，译码器则向控制面板送出一信号点亮提示灯，译码器也送出一接地信号以吸合选择呼叫音响警告继电器。

当选择呼叫译码器接收到呼叫时，向选择呼叫控制面板送出一地信号。该地信号点亮接

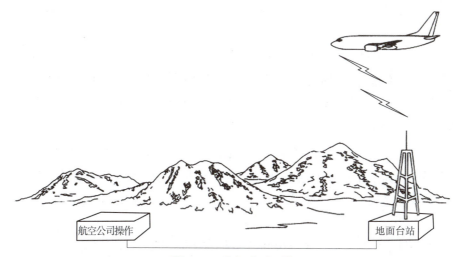

图 8-16 选择呼叫系统

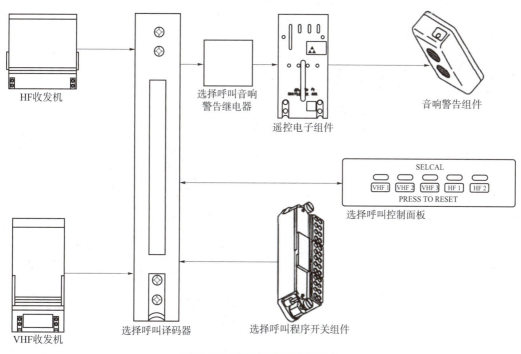

图 8-17 选择呼叫系统的组成

收到呼叫的收发机所对应的提示灯。按压提示灯开关则复位译码器通道。

选择呼叫译码器也送出接地信号以吸合选择呼叫音响警告继电器,从而控制音响警告组件。

选择呼叫程序开关组件给出飞机的 SELCAL 代码。当飞机加电时,选择呼叫程序开关组件向选择呼叫译码器送出 SELCAL 代码。

HF 和 VHF 收发机接收来自地面台站的 SELCAL 音频信号,收发机将收到的音频送往选择呼叫译码器。选择呼叫音响警告继电器控制音响警告组件产生高/低谐音信号，用于音响提示。

飞机上装有一套独特的四字选择呼叫识别编码解码器。当地面台站想要和该架飞机进行通信联络时，它将通过事先约定好的高频或甚高频频率发送该飞机的识别编码，机载的选择呼叫解码器将启动双谐音提醒机组注意，并使选择呼叫控制盒上相应的选择呼叫灯亮。

2. 内话系统（INT）

内话系统（INT）包括飞行内话系统（FLTINT）和勤务内话系统（SERVINT）。

飞行内话系统是一个独立的通信分网络，主要用来提供驾驶舱机组成员间的专用通话而不受勤务内话系统的干扰。地勤人员也可以通过外电源插座上的插孔使用飞行内话系统。

勤务内话系统提供驾驶舱、乘务员和地勤人员彼此之间的通话联络。

内话系统提供驾驶舱、客舱、地勤等人员之间的通信联络，并将这些联络信号送到话音记录器和飞行数据记录器。系统主要由音频控制板（ACP）、遥控电子组件（REU）和话筒、耳机、话筒插孔等组成，如图 8-18 所示。

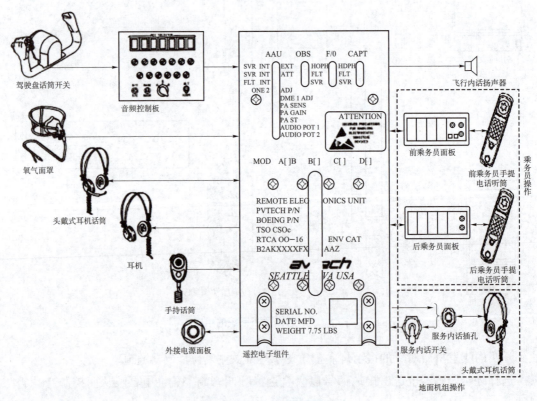

图 8-18 内话系统

在飞行内话系统使用中，机组人员利用驾驶盘、音频控制板、手持话筒上的话筒开关向 REU 发送音频信号，可以完成收听通信和导航接收机信息；调节接收到的音频的音量；选择所需要的发射机、话筒和键控话筒等功能。

REU 向头戴式耳机话筒和飞行内话系统的扬声器发送音频信号，包括无线电通信音频信号、导航接收话音和莫尔斯识别码信号。

飞行机组从 ACP 上选择服务内话功能时，可用手提电话听筒在服务内话系统中通话。乘务员利用话筒通过不同站位的勤务内话插孔实现。地勤人员可以通过勤务内话插孔与机上人员通话联络。

3. 驾驶舱话音记录器（CVR）

驾驶舱话音记录器用于自动记录驾驶舱内的话音，包括机组人员与地面的通信话音、机内通话和驾驶舱内的谈话，以备发生事故后或需要时调用参考，如图 8-19 所示。

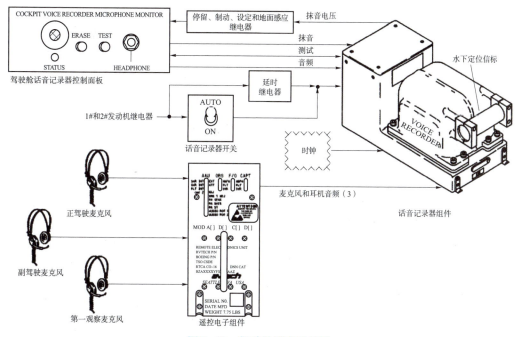

图 8-19 驾驶舱话音记录器

CVR 记录驾驶舱机组最后 30 min 对话和通信，数字式 CVR 可记录 120 min。话音记录器共有 4 个录音通道，1 号录随机工程师的，2 号录副驾驶的，3 号录机长的，4 号录驾驶舱内的声音。话音记录器与飞行数据记录器均称为"黑匣子"。

驾驶员利用话音记录器开关控制话音记录器的电源。AUTO 位提供自动控制，在该位置时，话音记录器通过延时继电器获得电源。

一台发动机启动 5 min 后开始自动记录信息，全部发动机停车 5 min 后停止记录。话音记录器前面板上装有一个水下定位信标，用于在记录器落水时自动发出定位信号，以利于被发现。

REU 将来自机长、副驾驶和第一观察员的麦克风音频信号放大后送到话音记录器，区域麦克风收集驾驶舱的声音，如话音和音响警告。

将耳机插入驾驶舱话音记录器板上的耳机插孔中，可以监听话音记录器记录下的音频信号。

当飞机在地面上且停留制动设定好后，话音记录器控制面板上的抹除开关将话音记录器中保存的所有音频信号抹除。

驾驶舱话音记录器控制面板上的测试开关控制话音记录器子系统的测试。驾驶舱话音记录器控制面板上的 LED 状态指示器可以显示测试后果。

4. 飞机通信寻址与报告系统（ACARS）

ACARS 是一个可寻址的空/地数字式数据通信网络，通过 VHF3 实现数据信息的空地间的自动传输交换，使飞机作为移动终端与航空公司的指挥系统、控制系统和管理系统相连接，如报告进出港/延误信息、气象报告、故障报告、乘客服务（预订票、旅馆等）等，如图 8-20 所示。

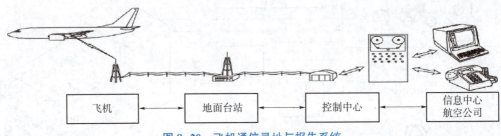

图 8-20　飞机通信寻址与报告系统

图 8-21 所示为 ACARS 的工作情况，自动报告包括诸如所有机门关闭、飞机开始离开登机门的时刻；由起落架和空/地开关探测到的飞机起飞离地的时刻；飞机状态（环境）监视系统 ACMS 在每个飞行阶段自动报告；由起落架和空/地开关探测到的飞机落地时刻；飞机打开第一个门（停靠登机门）的时刻；在到达目的地之前的 120 min、20 min 和 7 min，自动地向地面台站报告预计到达时间。

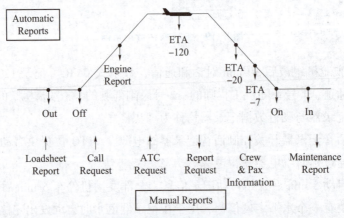

图 8-21　ACARS 的工作情况

人工报告包括起飞准备期间，从地面向飞机的载荷报告。人工报告可由飞行员、地面台站（航线台）或 ATC 中心起始，与飞行剖面无关。

地面呼叫：如地面台站需要与机组进行话音联络，可由地面台站向飞机发送呼叫信息——可取代呼叫系统。

空中呼叫：当机组需要特殊信息时，可发出需求报告。特殊信息为机场或气象数据、乘客与机组人员的信息等。应答上行数据链信息为机组人员或乘客的信息，如乘客通道的登机门、机组人员的下一次航班信息。

5. 旅客广播系统（PA）

旅客广播系统（PA）允许机组和乘务员对旅客广播，广播通过安装在客舱和厕所的喇叭播出。旅客广播系统（PA）将旅客广播通知、预先录制的通知、机上音乐、提示音这些信号送给客舱。

机载系统常见维护

旅客广播系统如图 8-22 所示，有磁带播放器、旅客广播放大器、旅客符号面板、乘务员手提电话、客舱和厕所扬声器等。

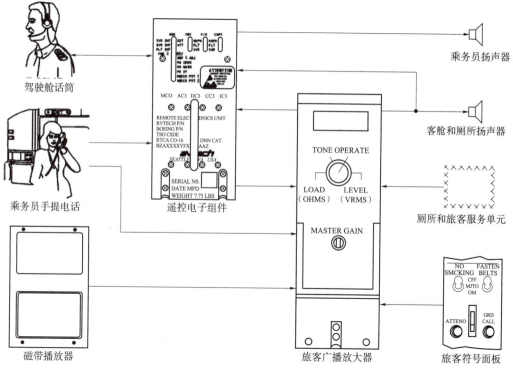

图 8-22 旅客广播系统

旅客广播系统音频输入主要来自磁带播放器、驾驶舱话筒以及乘务员手提电话。

旅客广播放大器选择具有最高优先权的输入，放大器放大音频信号，然后送给 REU 机舱和厕所扬声器。同时信号也经 REU 内的静音电路送到前和后乘务员扬声器以及驾驶舱扬声器。

旅客广播系统的使用具有不同的优先级：第一优先权是从驾驶舱发布的通知；第二优先权是从乘务员发布的通知；第三优先权为预录的通知；第四优先权为机上音乐。

驾驶员可以使用手提话筒直接对旅客广播。乘务员由安装在乘务员工作台上的手提电话对旅客广播，同时他们也可以通过旅客广播系统播放录好的音乐供旅客娱乐。

【学习研讨】

背景描述	飞机上除了需要与外界的语音信息传递之外，还需要内部信息的传递与存储，因此飞机通信也包含了不同作用的分系统，这些分系统在飞机的安全保障、运营服务、事故调查等方面起到非常重要的作用
讨论主题	描述飞机通信系统的作用与重要性
成果展示	小组讨论，以文字、语言描述或数字化方式展示讨论成果。 简要列出汇报大纲：
任务反思	1. 学到的知识点有哪些？ 2. 你对自己在本次任务中的表现是否满意？写出课后反思。

【学习评价】

专业知识	能力提升	职业素养	评价结果
内容全面且组织有条理：准确描述其他通信系统的相关知识	能采取多种方式收集信息、解决问题，进行分析和总结	有很好的团队合作意识，积极交流沟通与分享	优秀□
内容比较全面且组织比较有条理：较为准确描述其他通信系统的相关知识	能较好地收集信息、解决问题，分析和总结比较到位	有较强的团队合作意识，交流沟通和分享能力较好	良好□
内容不全面且组织条理不清晰：简单描述其他通信系统的相关知识	不能全面地收集信息、解决问题，分析和总结的能力还需提升	团队合作意识不够，缺少交流沟通和分享能力	一般□

附录一 航空专业术语

A

ATM,Air Traffic Management 空中交通管理
ATRK,Along-Track Error 沿航线误差
ATS,Air Traffic Services 空中交通服务
ATT,Attitude 姿态
AUX,Auxiliary 辅助 transmitter 方位台

B

BARO,Barometric 气压
BAZ,Back Azimuth 后方位、背航道
BER,Bit Error Rate 误码率
BIT,Built-In-Test 机内测试
BITE,Built-In-Test Equipment 机内测试设备
BRL,Bearing Range Line 方位距离线
BSU,Beam Steering Unit 天线方位控制组件

C

C/N,Carrier-to-Noise Ratio 载噪比
CAT,Category 仪表着陆等级
CATⅠ,CategoryⅠ 一类仪表着陆
CATⅡ,CategoryⅡ 二类仪表着陆
CATⅢa,CategoryⅢa 三类a级仪表着陆
CATⅢb,CategoryⅢb 三类b级仪表着陆
CATⅢc,CategoryⅢc 三类c级仪表着陆
CBT,Computer-Based Training 计算机辅助训练
CCD,Consolidated Cab Display 综合机舱显示器
CDI,Course Deviation Indicator 偏航指示器
CDU,Control Display Unit 控制显示组件
CLB,Climb 爬升
CLK,Clock 时钟
CLR,Clear 清除
CMC,Central Maintenance Computer 中央维护计算机
CMD,Command 命令
CNDB,Customized Navigation Database 用户导航数据库
COMLO,Compass Locator 罗盘定位器、罗盘示位信标
COMM,Communication 通信
CRT,Cathode Ray Tube 阴极射线管
CTL,Control 控制
CU,Control Unit 控制单元
CW,Carrier Wave 载波

D

D/A,Digital-to-Analog 数/模转换
DADC,Digital Air Data Computer 数字大气数据计算机
DA/H,Decision Altitude(Height) 决断高度
DC,Direct Current 直流(电)
DF,Direction Finder 测向器
DFCS,Digital Flight Control System 数字飞行控制系统
DH,Decision Height 决断高度
DME,Distance Measuring Equipment 测距设备
DME/N,Distance Measuring Equipment/Normal 标准测距设备
DME/P,Distance Measuring Equipment/Precision 精密测距设备
DSB-AM,Double Sideband Amplitude 双边带调幅
DT,Data 数据
DVOR,Doppler Very high frequency Omni-directional Range 多普勒甚高频全向信标

E

EET, Estimated Elapsed Time 预计经过时间

EFIS, Electronic Flight Instrument System 电子飞行仪表系统

EHSI, Electronic Horizontal Situation Indicator 电子平面状态显示器

EL, Elevation Transmitter 仰角台

ELT, Emergency Locator Transmitter 紧急示位发射机

ER, Error 误差

ES, End System 终端系统

ETA, Estimated Time of Arrival 预计到达时间

ETN, Estimated Time of Entry 预计进入时间

F

F&E, Facilities and Equipment 设施和设备

FCC, Flight Control Computer 飞行控制计算机

FDI, Fault Detection and Isolation 故障检测和隔离

FDIO, Flight Data Input/Output 飞行数据输入/输出

FDR, Flight Data Recorder 飞行数据记录仪

FGC, Flight Guidance Computer 飞行引导计算机

FL, Flight Level 飞行高度层

FM, Frequency Modulation 调频

FMC, Flight Management Computer 飞行管理计算机

FMS, Flight Management System 飞行管理系统

FPD, Flight Plan Data 飞行计划数据

FREQ, Frequency 频率

G

GA, Ground Antenna 地面天线

GEO, Geostationary Earth Orbit 相对地球静止轨道

GES, Ground Earth Station 地面地球站

GLONASS, Global Orbit Navigation Satellite System 全球轨道导航卫星系统（俄罗斯）

GLS GPS, Landing System GPS 着陆系统

GMT, Greenwich Mean Time 格林尼治时间

GNSS, Global Navigation Satellite System 全球导航卫星系统

GP, Glide-Path 下滑道

GPIP, Glide-Path Intercept Point 下滑道截获点

GPIWP, Glide Path Intercept Waypoint 滑行道切入点

GPS, Global Positioning System 全球定位系统

GPWS, Ground Proximity Warming System 近地告警系统

GS（G/S）, Glide Slope 下滑坡度

GS, Ground Speed 地速

GSM, Global System（or Mobile）Communication 全球通信系统

H

HDD, Head Down Display 下视显示器

HDG, Heading 航向

HF, High Frequency（3~30 MHz）高频

HSI, Horizontal Situation Indicator 水平位置指示器

HUD, Head-up Display 平视显示仪

Hz, Hertz 赫兹

I

IAS, Indicated Air Speed 指示空速

ICAO, International Civil Aviation Organization 国际民航组织

IF, Intermediate approach Fix 中间进近定位点

ILS, Instrument Landing System 仪表着陆系统

INS, Inertial Navigation System 惯性导航系统

I/O, Input/Output 输入/输出

IRS, Inertial Reference System 惯性参考系统

ISA, International Standard Atmosphere 国际标准大气

kHz, Kilohertz 千赫

kW, Kilowatt 千瓦

kW·h, Kilowatt hour 千瓦时

L

LCD, Liquid Crystal Display 液晶显示

LEO, Low Earth Orbit 近地轨道、低高度轨道
LGA, Low Gain Antenna 低增益天线
LMM, Locator Middle Marker 航向中指点标
LNA, Low Noise Amplifier 低噪声放大器
LNAV, Lateral Navigation 侧向导航
LOC, Localize Transmitter (Localizer) 航向台发信机
LON, Longitude 经度
LORAN-C, Long Range Navigation System 罗兰-C导航系统
LRR, Long Range Radar 远程雷达
LRU, Line Replaceable Unit 在线替换部件

M

MAP, Missed Approach Point 复飞点
MB, Market Beacon 指点标
MCDU, Multifunction Control Display Unit 多功能控制显示单元
MCI, Mode C Intruder 装有C模式应答器的入侵飞机
MCS, Master Control Station 主控站
MET, Meteorology 气象
METAR, Meteorological Report of Aerodrome Conditions 机场条件气象报告
MFCP, Multifunction Control Display Panel 多功能控制显示面板
MHz, Megahertz 兆赫
MKR, Marker 指点标
MLS, Microwave Landing System 微波着陆系统
MMALS, Multi-Mode Approach and Landing System 多模式进近和着陆系统
MMR, Multi-Mode Receiver 多模式接收机
MMW, Millimeter Wave 毫米波
MTBUR, Mean Time Between Unit Replacements 平均更换故障单元间隔时间
MTBW, Mean Time Between Warning 平均告警间隔时间
MTD, Maintenance Terminal Display 维护终端显示器
MU, Management Unit 管理单元

N

N, Navigation 导航
NDB, Nondirectional Radio Beacon 无方向信标
NM (NMI), Nautical Mile 海里、节
NMS, Navigation Management System 导航管理系统
NOPAC, North Pacific 北太平洋
NPA, Non-Precision Approach 非精密进近
O&M, Operation and Maintenance 运行和维修
OCA, Obstacle Clearance Altitude 超障净高度
OCS, 运行控制系统
ODALS, Omnidirectional Approach Lighting System 全向进近灯光系统
OMEGA, A navigation system that uses two high-powered transmitter grounds stations to broadcast a continuous wave signal 奥米伽导航系统
ODALS, Omnidirectional Approach Lighting System 全向进近灯光系统
OOOI, Out-Off-On-In 滑出-起飞-接地-停靠门位
OP, Operational 运行

P

PANS/RAC, Procedures for Air Navigation Services-Rules of the Air Traffic 空中导航服务程序、空中交通服务规则
PAPI, Precision Approach Path Indicator 精密进近航道指示器
PAR, Precision Approach Radar 精密进近雷达
PDC, Pre-Departure Clearance 起飞前放行许可
P-DME, Precision Distance Measuring Equipment 精密测距仪
PFCS Primary, Flight Control System 主要飞行控制系统
PFL, Planned Flight Level 计划飞行高度
PIREP, Pilot Report 驾驶员报告
PNCS, Performance Navigation Computer System 导航计算机系统性能
PPS, Precise Positioning Service 精密定位服务

PRF, Pulse Repetition Frequency 脉冲重复频率
PPI, Plan Position Indicator 平面位置显示器
PSR, Primary Surveillance Radar 一次监视雷达
PTT, Push To Talk 按下发话

R

RAAS, Regional Augmentation System 区域增强系统
RAC, Rules of the Air and ATS 空中规则和空中交通服务
RAI, Radio Altimeter Indicator 无线电高度指示器
RAN, Regional Air Navigation 区域空中导航
RCE, Radio Control Equipment 无线电控制设备
RCF, Radio Communication Failure 无线电通信故障
RCL, Radio Communications Link 无线电通信链路
RCL, Runway Center Line 跑道中心线
RDH, Reference Datum Height 基准高度
RDMI, Radio Distance Magnetic Indicator 无线电距离磁指示器
RF, Radio Frequency 无线电频率
RLLS, runway lead-in lighting system 跑道引进灯光系统
RNAV, Area Navigation 区域导航
RNG, Range 距离、范围
ROC, Rate Of Climb 爬升率
ROD, Rate Of Descent 下降率
RTA, Required Time of Arrival 要求的到达时间
RVV, Runway Visibility Value 跑道能见度值
RWY, Runway 跑道

S

S, Surveillance 监视
SA, Selective Availability 选择可用性
SATCOM, Satellite Communication 卫星通信
SELCAL, Selective Calling system 选择呼叫系统
SID, Standard Instrument Departure 标准仪表离场
SNR, Signal-to-Noise Ratio 信噪比
SSB, Single Sideband 单边带
SSR, Secondary Surveillance Radar 二次监视雷达
SSR Mode A/C, Secondary Surveillance Radar 二次监视雷达 A/C 模式
SSR Mode S, Secondary Surveillance Radar with Selective Addressing 二次监视雷达 S 模式（选址模式）
STAR, Standard Instrument Arrival Routes 标准仪表进场航线
STP, Standard Temperature and Pressure 标准气温和气压
S/W, Software 软件

T

TA, Traffic Advisory 交通咨询
TACAN, Tactical Air Navigation 战术空中导航（塔康导航系统）
TAS, True Air Speed 真空速
TCA, Terminal Control Area 终端区
TCAS, Traffic (alert and) Collision Avoidance System 交通（告警和）避撞系统
TCAS Ⅰ, Traffic (alert and) Collision Avoidance System Ⅰ 一类 TCAS（提供告警）
TCAS Ⅱ, Traffic (alert and) Collision Avoidance System Ⅱ 二类 TCAS（提供告警并提供冲突咨询）
TDWR, Terminal Doppler Weather Radar 终端多普勒气象雷达
THR, Threshold 跑道入口
TOC, Top of Climb 爬高顶点
TOD, Top of Descent 下降极限
TOGA (TO/GA), Take-Off, Go-Around 起飞、复飞
T/R, Receiver-Transmitter 收发信机
TRP Mode S, Transponder S 模式应答器
TRSA, Terminal Radar Service Area 终端雷达服务区域
TVOR, Terminal VOR 终端甚高频全向信标
TWR, Tower 塔台

U

UAC, Upper Area Control Center 高空区域管制中心

UHF, Ultra High Frequency (300～3 000 MHz) 特高频
ULR, Ultra Long Range 超远程
UPS, Uninterruptible Power System 不间断供电系统
UTC, Universal Time Coordinated 世界协调时
UUHF, Ultra High Frequency 超高频

VOR, VHF Omnidirectional Radio Range (navigation beacon) 甚高频全向信标
VSP, Vertical Speed 垂直速度
VTOL, Vertical Take Off and Landing 垂直起飞和着陆

V

V1, Critical engine failure velocity 发动机失效速度
V2, Takeoff climb velocity 起飞爬升速度
VFR, Visual Flight Rules 目视飞行规则
VHF R/T, Very High Frequency Receiver/Transmitter 甚高频收/发信机
V/L, VOR/Localizer 全向信标/航向台
VLF, Very Low Frequency 甚低频
VMC, Visual Meteorological Conditions 目视气象条件
VNAV, Vertical Navigation 垂直导航
VNR, VHF Navigation Receiver 甚高频导航接收机

W

WDI, Wind Direction Indicator 风向指示器
WP, Way Point 航路点
WS, Wind Shear 风切变
WS, Wind Speed 风速
WXR, Weather Radar 气象雷达
XCVR, Transceiver 收发信机
XMT, Transmitter 发射机
XPDR, Transponder 应答机
XT. (XMTR), Transmitter 发射机
XTK, 航迹侧向偏离
YD, Yaw Damper 偏航阻尼

附录二　以 AT-11007 航电综合测试系统为例列举系统测试项目工单

工作内容及要求	检查状态
1. 准备工作	
2. 测试前设备外观性检查	
设备完好，主电源关闭，连接电缆以及导线完整，机柜无明显损伤后，可开启设备主电源	
3. 甚高频全向信标定位台 VOR	
3.1 开启导航与通信系统收发器 1（NAV 1/COMM 1）主电源	
3.2 开启音频控制面板/信标台（Audio Panel/Marker Beacon）右侧麦克风选择开关，可切换在 TEL、COM1 或 COM2 位置	
3.3 设定导航与通信系统收发器 1，VOR 导航频率为 108 MHz	
3.4 启动信号测试器（AV-10）电源	
3.5 信号测试器处于 VOR 模式，并设置频率测试信号为 108 MHz，VOR 径度测试信号为 270°FROM	
3.6 在音频控制面板/信标台（Audio Panel/Marker Beacon）上选择［SPEAKER］或［PHONE］，扬声器或耳机中是否可听到识别信号音频	
3.7 将 OBS 旋钮顺时针旋转到"E"位置（偏移角为 90°），记录和观察 NAV1 指示器，偏向杆是否在中间位置；To/From 标志显示 TO	
3.8 将 OBS 旋钮顺时针旋转到"W"位置（偏移角为 270°），记录和观察 NAV1 指示器，偏向杆是否在中间位置；To/From 标志显示 FR	
3.9 将信号测试器变更 VOR 频率测试信号为 112.4 MHz，重复步骤 3.5～3.8；记录和观察导航指示器（NAV1 和 NAV2）的工作正常性	
4. 仪表着陆系统 ILS	
4.1 开启导航与通信系统收发器 1（NAV1/COMM1）主电源	
4.2 开启音频控制面板/信标台（Audio Panel/Marker Beacon）右侧麦克风选择开关，可切换在 TEL、COM1 或 COM2 位置	
4.3 设定导航与通信系统收发器 1，LOC 导航频率为 108.10 MHz	
4.4 启动信号测试器（AV-10）电源	
4.5 信号测试器处于 ILS 模式，再选择进入 LOCALIZER 模式下，并设置频率测试信号为 108.10 MHz，并输出	

续表

工作内容及要求	检查状态
4.6 在音频控制面板/信标台（Audio Panel/Marker Beacon）上选择［SPEAKER］或［PHONE］，扬声器或耳机中是否可听到识别信号音频	
4.7 选择不同的 LOC 调变测试信号；同时记录和观察指示器 NAV1 的 LOC 指针变化是否正常	
4.8 将信号测试器变更 LOC 频率测试信号为 110.3 MHz，改变 LOC 调变测试信号；重复以上步骤，记录和观察导航指示器（NAV1 和 NAV2）的工作正常性	
4.9 设定导航与通信系统收发器 1，G/S 导航频率为 108.10 MHz	
4.10 信号测试器处于 ILS 模式，再选择进入 GLIDE SLOPE 模式，并设置频率测试信号为 108.10/334.7 MHz，并输出	
4.11 选择不同的 G/S 调变测试信号；同时记录和观察指示器 NAV1 的 G/S 指针变化是否正常	
4.12 将信号测试器变更 G/S 频率测试信号为 110.3/335.0 MHz，以及 G/S 调变测试信号；重复以上步骤，记录和观察导航指示器（NAV1）的工作正常性	
4.13 信标台灯光声音检查，按压信标台灯号测试按键（TST），标示"O""M""A"灯是否正常闪亮	
4.14 信号测试器处于 ILS 模式，再选择进入 MARKER BEACON 模式，选择外中内不同的 MB 测试信号，观察灯号和音频声音的变化	
5. 内部通话装置	
5.1 开启音频控制面板/信标台（Audio Panel/Marker Beacon）右侧麦克风选择开关：切换在 INT（客舱人员）位置	
5.2 连接两部头戴式耳机至驾驶语音区块和副驾驶语音区块	
5.3 开启内部通话（Intercom）电源以及设定音量程度，SW1 开关在 ON 位置，调节音量 VOL 以及背景噪声 SQ	
5.4 两人分别戴上两部耳机；可直接经由话筒进行对（通）话功能测试是否正常	
5.5 连接手持式麦克风，按压 PTT（Push-to-talk）按键通话开关，测试语音信号是否可正常输入	
6. 通信收发器	
6.1 开启导航与通信收发器（NAV1/COMM1 和 NAV2/COMM2）主电源	
6.2 开启音频控制面板/信标台（Audio Panel/Marker Beacon）右侧麦克风选择开关：切换在 COM1 位置	
6.3 设定两部导航与通信系统收发器，COMM1 和 COMM2 导航频率均为 119.00 MHz	
6.4 选择音频控制面板/信标台（Audio Panel/Marker Beacon）通信输出方式，戴上两部耳机，选择 COMM1 和 COMM2 的［PHONE］模式	
6.5 通过耳机 1 话筒（SW4 按键 PTT 开关）输入语音信号，观察 COMM1 通信频率屏幕是否出现"T"；而 COMM2 通信频率屏幕是否出现"R"	

续表

工作内容及要求	检查状态
7. 自动定向仪	
7.1 开启音频控制面板/信标台（Audio Panel/Marker Beacon）右侧麦克风选择开关，可切换在 TEL、COM1 或 COM2 位置	
7.2 启动信号测试器（AV-10）电源，选择到 ADF-NDB 模式，选择 NDB 位置的调变信号频率为 1 200 kHz	
7.3 开启自动定向仪（ADF）主电源： （1）屏幕右边的待机部分会开始计算飞行时间（FLT），从 00 开始。 （2）屏幕左边会显示 ANT（天线）；观察 ADF 指针是否停留在 90°位置	
7.4 设定自动定向仪（ADF）调变频率 1 200 kHz，设定为自动定向（ADF）模式，连接一部头戴式耳机	
7.5 选择音频控制面板为自动定向仪输出方式，分别选择［SPEAKER］和［PHONE］功能，是否可接收到音频信号	
7.6 不同方向移动信号测试器，观察自动定向仪（ADF）指针是否发生变化	
7.7 进入 FLT/ET 模式，观察屏幕的飞行时间/经历时间。利用 SET/RST 按钮将经历时间做清零设置	
7.8 开启拍频振荡器（BFO）模式，观察扬声器接收到音频信号有无变化	
7.9 变更 NDB 测试调变信号频率为 450 kHz，重复 7.4～7.8 步骤，观察自动定向仪（ADF）指针和音频声音的变化	
8. 测距仪	
8.1 开启信号测试器（AV-10）电源，选择 DME 模式，设置 DME 调变信号（频率）为 108.05 VOR 17Y，传输距离信号发射固定 20 nm	
8.2 开启测距仪（DME）主电源开关，设置为频率模式（FREQ）	
8.3 利用频率选择钮设定调变频率为 108.05 MHz，观察左边屏幕显示距离是否正常；观察信号测试器（AV-10）显示屏幕第二行数据的变化	
8.4 设置测距仪（DME）为地面速度/到地面站时间（GS/T）模式，观察屏幕状态的变化	
8.5 利用信号测试器（AV-10）变更测距仪 DME 调变信号为 108 VOR 17X；观察不同模式下测距仪 DME 显示的变化	
8.6 开启导航系统收发器，并设置其频率为 108 MHz	
8.7 设置测距仪（DME）为遥控模式（RMT），利用 SW3 开关使 DME 的遥控模式与 NAV1 关联。设置信号测试器频率与之对应，观察在 NAV1 控制之下的测距仪 DME 显示的变化	
9. 空中交通雷达信标系统应答机	
9.1 开启应答机（TRANSPONDER）电源	
9.2 选择 TST 模式，进行自测试，观察屏幕状态是否正常	

续表

工作内容及要求	检查状态
9.3 启动信号测试器（AV-10）电源。进入 TRANSPONDER 模式，再选择 TXPDR 测试信号为 MODE A SQUAWK 模式，然后选择（NO SLS P2 OFF）	
9.4 将应答机（TRANSPONDER）开关切换在 ON 位置，出厂预设为 1 200	
9.5 等待 5 s 后，观察应答机屏幕显示变化情况是否为应答（R）	
9.6 信号测试器（AV-10）屏幕 SQ 显示是否为 1 200	
9.7 按压应答机识别（IDT）按钮，信号测试器（AV-10）屏幕是否显示 IDENT（识别标志）以及应答百分比	
9.8 变更传输呼叫码和标识符为其他四位代码，观察信号测试器（AV-10）屏幕变化	
9.9 将应答机（TRANSPONDER）开关切换为 ALT 模式	
9.10 控制调整阀 Control Valve（SW6）初始位置：拉起旋钮（往逆时针方向旋转到底，再压回旋钮）	
9.11 启动泵浦电源（Pump Power）	
9.12 启动信号测试器（AV-10）电源，进入 TRANSPONDER 模式，再选择 TXPDR 测试信号为 MODE C ALTITUDE 模式，然后选择（NO SLS P2 OFF）	
9.13 等待 5 s，观察信号测试器（AV-10）屏幕，是否显示目前的飞行高度（FL），应答百分比	
9.14 变更飞行高度，利用调整阀来模拟飞行高度的变化：调整阀（SW6）拉起后顺时针方向旋转	
9.15 观察信号测试器屏幕飞行高度的变化情况	
9.16 操作结束，将控制调整阀（SW6）恢复到初始位置，并关闭泵浦电源	
10. 关闭各接收机电源、机柜电源、信号测试器并取下测试天线	
检查人	核对人	检查日期	设备状态

参考文献

[1] 寇明延, 等. 现代航空通信技术 [M]. 北京: 国防工业出版社, 2011.
[2] 张忠兴, 等. 无线电导航理论与系统 [M]. 西安: 陕西科学技术出版社, 1999.
[3] 朱新宇, 等. 民航飞机电气仪表及通信系统 [M]. 成都: 西南交通大学出版社, 2006.
[4] 刘海涛, 等. 航空移动通信系统 [M]. 北京: 清华大学出版社, 2015.
[5] 于敏梁. 民航机载电子设备与系统 [M]. 南京: 南京航空航天大学出版社, 2001.
[6] 周永余, 等. 舰船导航系统 [M]. 北京: 国防工业出版社, 2006.
[7] 谢益溪, 无线电波传播原理与应用 [M]. 北京: 人民邮电出版社, 2003.
[8] 倪金生. 导航定位技术理论与实践 [M]. 北京: 电子工业出版社, 2007.
[9] 孙义明, 等. 信息化战争中的战术数据链 [M]. 北京: 邮电大学出版社, 2005.
[10] 张辉, 等. 现代通信原理与技术 [M]. 西安: 西安电子科技大学出版社, 2006.
[11] 马存宝. 民机通信导航与雷达 [M]. 西安: 西北工业大学出版社, 2004.
[12] 宫淑丽. 民航飞机电子系统 [M]. 北京: 科学出版社, 2015.
[13] 唐金元, 等. 航空无线电通信导航系统 [M]. 北京: 海潮出版社, 2010.
[14] 边少锋, 等. 卫星导航系统概论 [M]. 北京: 电子工业出版社, 2005.
[15] 孙继银, 等. 战术数据链技术与系统 [M]. 北京: 国防工业出版社, 2007.
[16] 马银才, 等. 航空机载电子设备 [M]. 北京: 清华大学出版社, 2012.
[17] 赵明忠, 等. 现代通信系统 [M]. 西安: 西安电子科技大学出版社, 2005.
[18] 陈高平, 等. 无线电导航原理 [M]. 西安: 陕西科学技术出版社, 2009.
[19] 何晓薇, 等. 航空电子设备 [M]. 成都: 西南交通大学出版社, 2014.
[20] 孙进平, 等. 民航飞机无线电设备 [M]. 北京: 航空航天大学出版社, 2016.
[21] 吴德伟, 等. 无线电导航系统 [M]. 北京: 电子工业出版社, 2015.
[22] 唐金元, 等. 北斗卫星导航定位系统应用现状分析 [J]. 全球定位系统, 2008 (2): 26-30.
[23] 刘基余. 全球导航卫星导航系统及其应用 [M]. 北京: 测绘出版社, 2015.
[24] 袁建平, 等. 卫星导航原理与应用 [M]. 北京: 中国宇航出版社, 2003.
[25] 以光衡, 等. 航空机载电子系统与设备 [M]. 北京: 航空航天大学出版社, 1997.